日本エネルギー学会　編

シリーズ　21世紀のエネルギー 12

21世紀の太陽光発電

―テラワット・チャレンジ―

荒川　裕則 著

コ ロ ナ 社

刊行のことば

本シリーズが初めて刊行されたのは，2001年4月11日のことである。21世紀に突入するにあたり，この世紀のエネルギーはどうなるのか，どうなるべきかをさまざまな角度から考えるという意味をタイトルに込めていた。そしてその第1弾は，拙著『21世紀が危ない―環境問題とエネルギー―』であった。当時の本シリーズ編集委員長 堀尾正靱先生（現在は日本エネルギー学会出版委員長，兼 本シリーズの編集委員）による刊行のことばを少し引用させていただきながら，その後を振り返るとともに，将来を俯瞰してみたい。

『科学技術文明の爆発的な展開が生み出した資源問題，人口問題，地球環境問題は21世紀にもさらに深刻化の一途をたどっており，人類が解決しなければならない大きな課題となっています。なかでも，私たちの生活に深くかかわっている「エネルギー問題」は上記三つのすべてを包括したきわめて大きな広がりと深さを持っているばかりでなく，景気変動や中東問題など，目まぐるしい変化の中にあり，電力規制緩和や炭素税問題，リサイクル論など毎日の新聞やテレビを賑わしています。』とまず書かれている。2007年から2008年にかけて起こったことは，京都議定書の約束期間への突入，その達成の難しさの中で当時の安倍総理による「美しい星50」提案，そして競うかのような世界中からのCO_2削減提案。あの米国ですら2009年にはオバマ政権へ移行し，環境重視政策が打ち出された。このころのもう一つの流れは，原油価格高騰，それに伴うバイオ燃料ブーム。資源価格，廃棄物価格も高騰した。しかし米国を発端とする金融危機から世界規模の不況，そして2008年末には原油価格，資源価格は大暴落した。本稿をまとめているのは2009年2月であるが，たった数か月前には考えもつかなかった有様だ。嵐のような変動が，「エネルギー」を中心とした渦の中に，世界中をたたき込んでいる。

もちろんこの先はどうなるか，だれも予測がつかない，といってしまえばそれまでだ。しかし，このままエネルギーのほとんどを化石燃料に頼っているとすれば数百年後には枯渇するはずであるし，その一番手として石油枯渇がすぐ目に見えるところにきている。だからこそ石油はどう使うべきか，他のエネルギーはどうあるべきかをいま，考えるべきなのだ。新しい委員会担当のまず初めは石油。ついで農（バイオマスの一つではあるが…），原子力，太陽，…と続々，魅力的なタイトルが予定されている。

再度堀尾先生の言葉を借りれば，『第一線の専門家に執筆をおねがいした本「シリーズ 21 世紀のエネルギー」の刊行は，「大きなエネルギー問題をやさしい言葉で！」「エネルギー先端研究の話題を面白く！」を目標に』が基本線にあることは当然である。しかし，これに加え，読者各位がこの問題の本質をとらえ，自らが大きく揺れる世界の動きに惑わされずに，人類の未来に対してどう生き，どう行動し，どう寄与してゆくのか，そしてどう世の中を動かしてゆくべきかの指針が得られるような，そんなシリーズでありたい，そんなシリーズにしてゆきたいと強く思っている。

これまでの本シリーズに加え，これから発刊される新たな本も是非，勉強会，講義・演習などのテキストや参考書としてご活用いただければ幸甚である。また，これまで出版された本シリーズへのご意見やご批判，そしてこれからこのようなタイトルを取り上げて欲しい，などといったご提案も是非，日本エネルギー学会にお寄せいただければ幸甚である。

最後にこの場をお借りし，これまで継続的に（実際，多くの本シリーズの企画や書名は，非常に長い間多くの関係者により議論され練られてきたものである）多くの労力を割いていただいた歴代の本シリーズ編集委員各位，著者各位，学会事務局，コロナ社に心から御礼申し上げる次第である。さらに加えて，現在本シリーズ編集委員会は，エネルギーのさまざまな分野の専門家から構成される日本エネルギー学会誌編集委員会に併せて開催することで，委員各位からさまざまなご意見を賜りながら進めている。学会誌編集委員会委員および関係者各位に御礼申し上げるとともに，まさに学会員のもつ叡智のすべてを結集し編集しているシリーズであることを申し添えたい。もし，現在本学会の学会員ではない読者が，さらにより深い知識を得たい，あるいは人類の未来のために活動したい，と思われたのであれば，本学会への入会も是非お考えいただくようお願いする次第である。

2009 年 2 月

「シリーズ 21 世紀のエネルギー」 編集委員長　小島　紀徳

はじめに

21世紀を生きるわれわれにとって，解決すべき最大の課題は地球温暖化問題といわれて久しい。2014年12月に報告されたIPCC（Intergovernmental Panel on Climate Change, 気候変動に関する政府間パネル）第5次評価報告にもあるように，この間の地球の平均気温は年々上昇の一途をたどり，とどまる気配を見せていない。また，われわれが使用し続ける石油，天然ガス，石炭などの化石燃料エネルギーから排出される炭酸ガス（CO_2）が地球温暖化の主要因であることも確実になってきている[1),†]。さらに，地球温暖化が原因と推定されるような竜巻，集中豪雨，酷暑などの異常気象が，日本でも観察されるようになってきた。世界各国が協力して，早急に効率的な温暖化対策に着手しなければならない時期に来ている。

幸い，2015年12月にパリで開催された第21回気候変動枠組条約締約国会議（21th Conference of the Parties, COP21）において，「今世紀後半には人為的な活動によるCO_2の排出量をゼロにする」という目標を掲げた取決め，いわゆるパリ協定が12月12日に採択された。パリ協定の画期的なところは，気候変動枠組条約に加盟する196ヵ国すべてが参加する多国間国際的協定である。そして，2020年以降の温暖化対策として世界の平均気温の上昇を産業革命以前に比べて2℃以下（できれば1.5℃以下）に抑えることを目的としている。パリ協定の発効には55ヵ国以上が批准し，世界のCO_2などの温暖化ガス総排出量の55％に達する必要があるとされていたが，その後2016年10月5日の時点でアメリカ，中国，ロシアなど72ヵ国が批准し，その温暖化ガス排出量が56.75％となり，国数と排出量のいずれの条件も満たし，2016年11月4日に発効した。

しかしその後，アメリカのトランプ新大統領がパリ協定離脱を表明した。正式離脱には4年程度の年月が必要であり，離脱は次期アメリカ大統領選挙後の2020年11月になると見られているが，世界各国の懸念事項となっている。

† 肩付き番号は巻末の引用・参考文献を示す。

パリ協定では目標達成のため，各国はそれぞれのCO_2の削減量の目標を提示し，それについて実行努力をすることになる。しかし，いかにしてCO_2排出量を減らすかの具体策は，各国に委ねられている。なによりも化石燃料に代わりCO_2を排出しない再生可能エネルギーを利用する以外に手はない。

再生可能エネルギーの中でも，太陽光や風力は水力に比べ，いままでそれほど使用されてこなかった。しかし，地球温暖化問題が人類にとって最大の課題となったいま，化石エネルギーから再生可能エネルギーへのシフトは21世紀における必須事項となっている。それゆえ，ヨーロッパを中心とした先進諸国では，再生可能エネルギーの積極的な導入が図られ，2030～2040年頃には1次エネルギーの約20％を再生可能エネルギーで賄う計画を立て，実行している国が多い。数多くある再生可能エネルギーの中では太陽光発電が，使いやすさ，維持や保全の簡便さ，環境負荷の少なさから最も有望視されている。

日本は，エネルギー自給率がわずか6％と，欧米先進国に比べ極端な化石エネルギー資源小国である[2)]。現在，電力の約90％は化石エネルギーで賄われ，地球温暖化対策と逆行するような状況となっているが，日本政府も再生可能エネルギーの導入に積極的に取り組んでいる。太陽光発電については，積極的導入施策により，大幅な導入が進んでいるが，その急速な導入によって課題も見えてくるようになってきた。

本書は日本エネルギー学会編，「シリーズ21世紀のエネルギー」を構成する1冊として企画された。再生可能エネルギー，特に太陽光発電技術について広く学習したい読者を対象として，太陽電池や太陽光発電システムなどの基礎から研究開発の現状，将来展望まで，わかりやすく解説したつもりである。エネルギー，資源，化学系の大学学部や大学院の教科書や参考書としても使用できると考えている。ご活用いただければ幸いである。

本書の発刊にあたり，日本エネルギー学会・出版委員会ならびにコロナ社に感謝の意を表する。

2017年9月

荒川　裕則

目　　次

1　無尽蔵の太陽エネルギー

2　太陽電池の基礎

3　実用化されている太陽電池

4　これからの太陽電池

5　太陽光発電システム

6 21世紀の太陽光発電の計画と構想

1 無尽蔵の太陽エネルギー

1.1 太陽の構造

宇宙には数多くの銀河が存在し，天の川銀河もその中の一つである。太陽は天の川銀河の中にある，みずから光を放つ恒星の一つである。太陽の大きさは膨大で，その直径は 140 万 km で地球の 109 倍，質量は約 2×10^{30} kg で地球の約 33 万倍，密度は 160 g/cm^3 で地球の約 29 倍，または鉄の 20 倍といわれている[3)]。**図 1.1** に，太陽と地球などの惑星の大きさの比較と位置関係を示す。太陽は，その惑星に比べ，いかに大きいかがわかる。地球は太陽系の惑星の中では小さいほうで，太陽と地球は，約 1 億 5 000 万 km 離れている。

太陽は，いまから約 46 億年前に宇宙空間に存在する固体の微粒子（宇宙塵）や水素やヘリウムなどのガスが集まり誕生した。太陽は集まった宇宙塵やガス

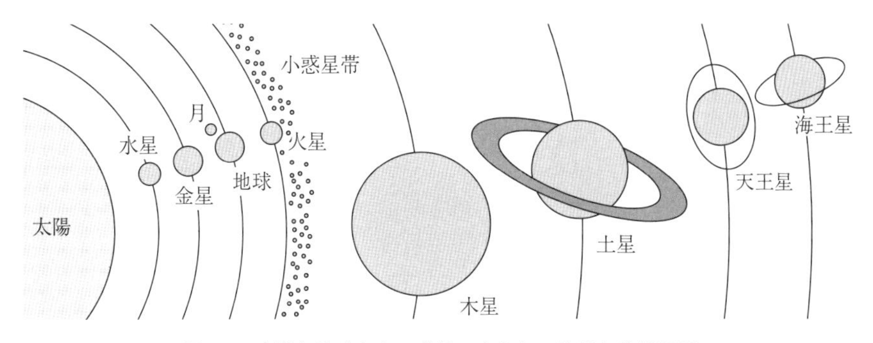

図 1.1 太陽と地球などの惑星の大きさの比較と位置関係

の引力により収縮し，その内部が高温高圧状態となっている。そして水素原子どうしが衝突して原子核融合反応が起きてヘリウムが生成し，それと同時に膨大なエネルギーを放出している。太陽の中にある水素の量から太陽の寿命を予測でき，その寿命は100億年ほどといわれている。生まれてからいままで45億年ほど経っていると考えられるので，あと55億年は燃えて光り輝く状態にあるといえる。これが，太陽は無尽蔵のエネルギー源といわれる理由でもある。

太陽の内部構造や外形を，もう少し詳細に見てみよう。**図1.2**に太陽の構造を示す。太陽の中心部から太陽核（半径10万km），放射層（厚さ40万km），対流層（厚さ20万km），光球面（厚さ600km），彩層面（厚さ2 000km）と続く。太陽核内部の温度は約1 500万℃で，圧力2 500億気圧の水素がある。

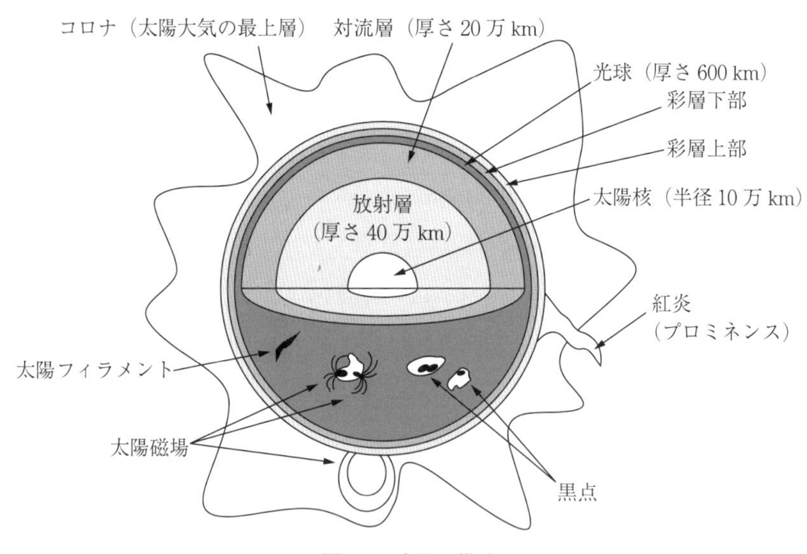

図1.2　太陽の構造

このような高温高圧では水素原子どうしが衝突して核融合反応が起き，エネルギーの高いγ線が放出される。放出されたγ線は太陽核の外側にある放射層に入り，さらにその外側にある対流層を経て，光球面に達し太陽光として放出される。放射層に入ったγ線が，周囲のガス体に吸収されたりしてエネルギーの低い，いろいろな波長の電磁波（X線，紫外線，可視光線，赤外線，電波など）となり，光球面に達するまでに数十万年かかるといわれている。太陽の輪郭となる光球面の上には太陽の希薄なガス層である彩層面があり，さらに，その外側には中性のガス原子とプラズマ粒子が衝突することなく移動できる太陽の大気層であるコロナ（光冠）が存在する。光球面（約 6 000 ℃）には太陽磁場の影響で発生する黒点と呼ばれる温度の低い部分（約 4 000 ℃）も存在する。さらに彩層面の上層部の所々には，彩層の濃いガスが，彩層よりもずっと希薄なコロナの中へ伸び，磁力線で持ち上げられたプロミネンス（太陽紅炎）が存在する。また，フィラメントもプロミネンスと同じものであるが，光球面からの光がプロミネンス中の物質により吸収されてしまうため黒く見える。

1.2 太陽のエネルギー

さて，太陽核の中で起きる水素原子の核融合反応で生成した，太陽エネルギーの大きさはどれくらいなのだろうか。**図 1.3** に太陽核の中で起こる水素原子核融合反応の反応式を示す。

$^{1}H + {}^{1}H \longrightarrow {}^{2}H$（重水素）$+ e^{+}$（陽電子）$+ \nu$（ニュートリノ）$+ E_1$（エネルギー）

$^{2}H + {}^{1}H \longrightarrow {}^{3}He$（ヘリウム同位体）$+ \gamma$（ガンマ線）$+ E_2$（エネルギー）

$^{3}He + {}^{3}He \longrightarrow {}^{4}He$（ヘリウム）$+ {}^{1}H + {}^{1}H + E_3$（エネルギー）

全体反応 $4\,{}^{1}H \longrightarrow {}^{4}He + 2e^{+} + 2\nu + 2\gamma + 2E_1 + 2E_2 + E_3$

図 1.3 太陽核の中で起こる水素原子核融合反応

まず，超高温・超高圧の水素原子（^{1}H）が，たがいにぶつかり，質量が 2 倍の重水素原子（^{2}H）が生成する。その際，陽電子（e^{+}）とニュートリノ（ν）とエネルギー E_1 が放出される。つぎに，生成した重水素原子（^{2}H）と水素原子（^{1}H）がさらにぶつかり，質量数 3 のヘリウム同位体であるヘリウム 3 原子（^{3}He）が生成する。その際に γ 線とエネルギー E_2 が放出される。最後にヘリウム 3 原子（^{3}He）がたがいにぶつかり合い，1 個のヘリウム原子（^{4}He）と 2 個の水素原子（^{1}H），そして大きなエネルギー E_3 を放出する。最終的には 4 個の水素原子（^{1}H）から 1 個のヘリウム原子（^{4}He）が生成する。水素原子（^{1}H）

4 個の質量は 1.007 9 u×4＝4.031 2 u であり[4)]，ヘリウム原子（^{4}He）1 個の質量は 4.002 6 u であるから，その差すなわち 4.031 2 u－4.002 6 u＝0.028 6 u の質量，約 0.71 %が減ったことになる。ここで u は統一原子質量単位を示す。この減った質量が太陽のエネルギーとなって放出される。アインシュタインの特殊相対性理論で有名な式 $E=mc^2$（E：エネルギー，m：質量，c：光速度）にあるように，質量とエネルギーは等価で，質量はエネルギーに変換できることが示されている。太陽では毎秒 3.6×10^{38} 個の水素がヘリウムに変換され，約 430 万トン（43 億 kg）の質量が減少し，3.8×10^{26} J（ジュール）という膨大なエネルギーが放出されている。この値は広島型原爆の 6×10^{12} 倍にもなる。

1.3　地球が受ける太陽エネルギーの大きさ

太陽は，上述したように毎秒 3.8×10^{26} J という膨大なエネルギーを宇宙に放出するが，そのうち地球に届くエネルギーはどれくらいだろうか。太陽は球体で，あらゆる方向に太陽エネルギーを放出している。地球と太陽との距離は約 1.5 億 km であるので，この距離を半径 r_s とする球体の表面全体に太陽のエネルギーは降り注ぐことになる。その球体の表面積は，$4\pi r_s^2=4\times3.14\times(1.5$ 億 km$)^2=2.826\times10^9$ 億 km^2 となる。一方，地球の赤道半径 r_e は 6 378 km であるので，その断面積は $\pi r_e^2=3.14\times(6\,378$ km$)^2=1.277$ 億 km^2 となる。したがって，全太陽エネルギーの約 22 億分の 1 のエネルギーを地球が受けることになる。

すなわち，宇宙で地球が受けるエネルギーは約 1.72×10^{17} J/s であり，換言すれば 1.72×10^{17} W（ワット）＝1.72×10^5 TW（テラワット）となる。この値から，地球が 1 時間に受ける太陽エネルギーを計算すると，その値は人類が 1 年間に消費するエネルギーに相当するくらい膨大なエネルギーとなる。また，1 秒間に受けるエネルギーを地球の表面積 1 m^2 当りのエネルギーに換算すると，1 366 W/m^2 となる。このエネルギー値 1 366 W/m^2 は大気圏外の太陽光に垂直な面に入射するエネルギーであり，太陽定数（solar constant）と呼ばれている。

地球大気の上端の大気圏外（大気のない層）を地表に対して垂直に通過する太陽光をAM 0の状態の太陽光と呼ぶ。AMとはair mass（エアマス）のことで，太陽光が地表に到達するまでの間に大気中を通過する距離を示す単位である。したがって，**図1.4**に示すように太陽光が地表に垂直に入射する場合，すなわち大気通過量が一番少ない場合をAM 1と呼ぶ。赤道直下の太陽光がこれに相当する。太陽光が大気中を通過すると，大気に含まれる水蒸気，CO_2，オゾン，エアロゾル（微細な塵）などによって吸収・散乱されるため，地表面に到達する太陽エネルギーは太陽定数よりも小さくなる。太陽光の入射角が42°，すなわち天頂角が48°の温帯地域では太陽光の大気通過量が赤道直下に比べて約1.5倍となりAM 1.5の状態となる。AM 1.5では太陽光の入射エネルギーは1 000 W/m^2（100 mW/cm^2）程度となる。

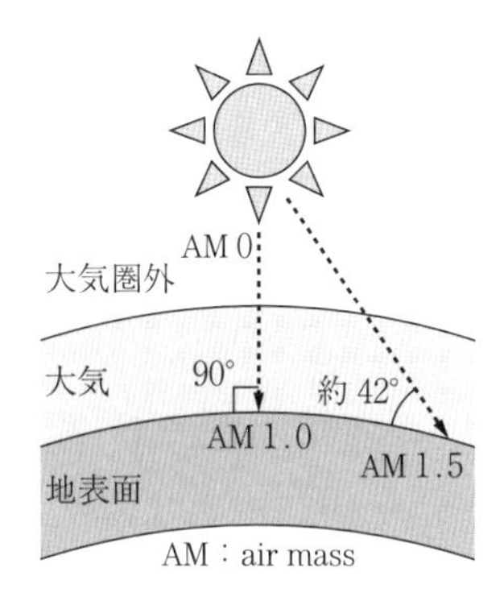

図1.4 太陽光の地表への入斜角度と大気通過距離

日本では，北緯35°付近の東京で真夏の快晴時の正午には1 000 W/m^{2}以上の太陽光エネルギーが照射される。地表の太陽光エネルギーの大きさは，上述したように地球の緯度により異なるが，季節や時間によっても異なる。これは，地球が太陽の周りを楕円軌道で回っていることと，地球の軸が傾いているため季節や時間により太陽光の入射角度が異なるからである。

1.4 太陽光スペクトルの分布

地球が受ける太陽エネルギーは，太陽光として地上に降り注ぐ。**図1.5**に太陽光のスペクトル分布を示す。

まず，破線Aは6 000 Kに加熱された黒い物体から放射される光の分布，すなわち黒体輻射スペクトルを示している。実線B，すなわち大気圏外（AM 0）

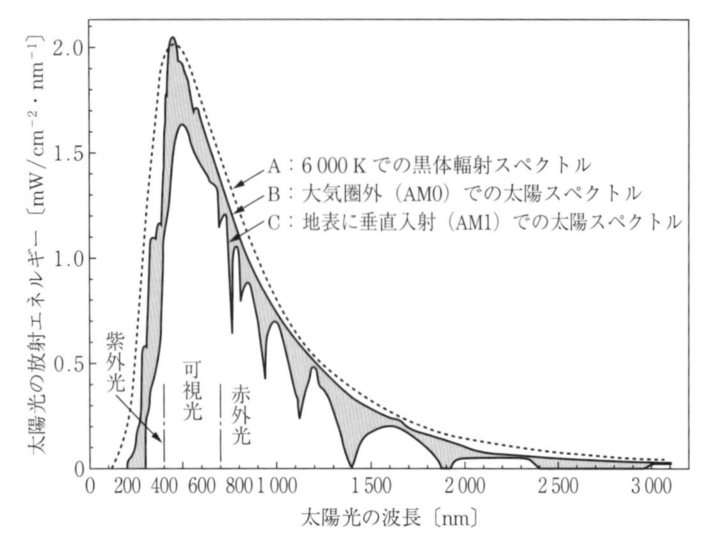

図 1.5　太陽光のスペクトル分布

にある太陽光スペクトルは，この黒体輻射スペクトルに似ている。上述したように太陽の光球表面の温度が約 6 273 K であることと対応している。そのスペクトル分布は波長が約 200 nm から立ち上がり，波長 500 nm 付近の光が一番強くなり，それより長い波長の光は減衰してゆく形となっている。大気圏外（AM 0）の太陽光スペクトルに対し，地表上への直達（AM 1）の太陽光スペクトルは，スペクトル全域において，その強度がかなり減少していることがわかる。200 nm から 700 nm 付近までの強度の減少は，大気中のオゾンや空気，水蒸気，雲，粉塵などによる吸収や散乱によるものである。また，700 nm 以降の領域の鋭い吸収は水分子や炭酸ガス分子などの赤外光吸収によるものである。したがって，地表に届く太陽光は，約 300 nm から約 4 000 nm までの波長である。400 nm より短い光を紫外光，400 nm から 760 nm の光を可視光，760 nm より長い光を赤外光と呼んでいる。ただし文献により，それらの範囲は若干差がある。地上に到達する太陽光の約 5 %は紫外光，約 50 %は可視光，約 45 %が赤外光となる。ちなみに太陽電池で最もよく使用されている結晶シリコン太陽電池は，太陽光の可視光から 1 130 nm 付近までの赤外光を吸収して発電する。

1.5　地球が受ける太陽エネルギーのゆくえ

われわれの地球は膨大な太陽エネルギーを受けているが，そのエネルギーは地球表面で，どのように変化するのだろうか。熱力学第一法則にあるようにエネルギーは消えてなくなることはなく，形態を変えて保存される。エネルギーの形態としては，核エネルギー，光エネルギー，熱エネルギー，力学的エネルギー，電気エネルギー，化学エネルギーなどがある。太陽の持っている原子核エネルギーが太陽光として地上に降り注ぐ。その太陽光は植物などに直接吸収され光合成が進行し，植物などに化学エネルギーとして蓄積される。また，大気や大地，海洋に吸収された太陽光は熱エネルギーに変換され，さらに風や波や海流などとして力学的エネルギーに変換される。**図 1.6** に地球に降り注ぐ太

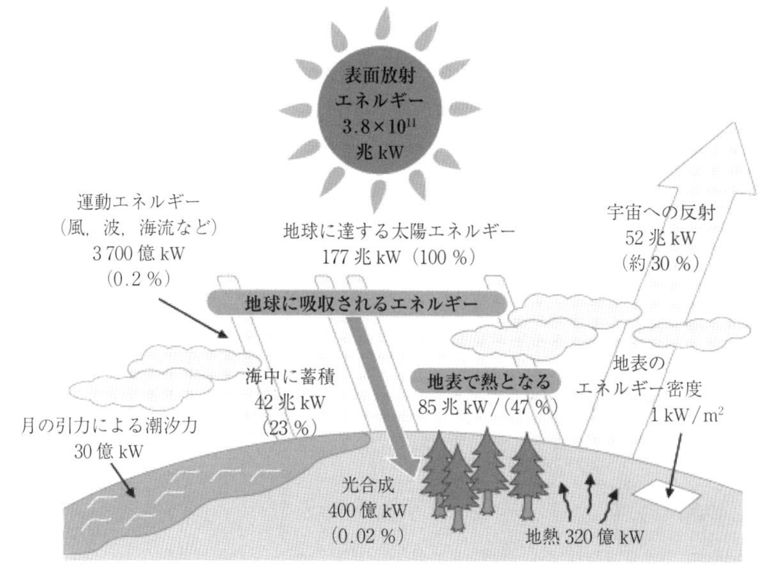

図 1.6　地球に降り注ぐ太陽エネルギーのゆくえ
〔出典：太陽光発電協会ホームページ[5]より〕

陽エネルギーのゆくえを示す[5]。地球に降り注ぐ太陽エネルギーの約 30 %は宇宙へ反射される。残りの 70 %が地球に吸収されるが，その内の約 47 %は地表で熱エネルギーとなり，約 23 %は海中に熱エネルギーとして蓄積される。また，風，波，海流などの運動エネルギーとなるものがわずか 0.2 %である。一方，人間に有用な食料や化石燃料の基となる植物などの光合成産物への化学エネルギー変換の割合は，さらに少なく 0.02 %である。われわれは，もっと太陽エネルギーを利用できる余地を残しているといえよう。

1.6　人類の太陽エネルギーの利用

古今東西，人類は主として農業により太陽エネルギーを利用してきたが，太陽エネルギーの利用形態について見てみよう。**表 1.1** は，太陽エネルギーの利用形態をまとめたものである[6]。太陽エネルギーを熱として利用する方法，光として利用する方法があり，また別の分類法では，太陽エネルギーを直接利用する方法と間接的に利用する方法がある。

表 1.1　太陽エネルギーの利用形態

	太陽熱利用	太陽光利用
直接利用	・太陽熱発電 ・太陽冷暖房・給湯 ・温室・ビニールハウス ・ソーラークッカーなど	・太陽光発電 ・太陽光水分解（光触媒・光電極） ・太陽光化学反応利用 ・環境保全光触媒
間接利用	・水力発電 ・風力発電 ・波力・潮流発電 ・海洋温度差発電	・光合成産物利用（農業，林業） ・バイオマス利用（薪炭・燃料など） ・園芸など ・殺菌・消臭など

太陽熱エネルギーの直接利用としては，よく知られているものに太陽熱温水器や太陽熱冷暖房システムがある。アクティブ・ソーラーシステムといわれるものである。これに対して集熱器などを使用せず，建物の構造などを工夫して自然に入る太陽光をうまく利用して室内温度を制御する自然冷暖房などのパッシブ・ソーラーシステムもある。植物の促成栽培に用いられる温室やビニール

ハウスとしての利用や屋外での調理法としてのソーラークッカーなども太陽熱の直接利用法である。最も大規模な太陽熱の直接利用方法は太陽熱発電である[7]。日本では実用化が難しいが，アメリカ南部やスペインなど太陽エネルギーの豊かな国では，熱発電が経済的な発電方法として実用化されている。太陽光を凹面鏡や平面反射鏡（ヘリオスタット）などを用いて集光・集熱した高温熱媒体や水蒸気によるタービン発電である。また，熱を電気に直接変換できる熱電素子を用いた太陽熱発電も検討されている[8]。太陽熱エネルギーの間接利用としては，水力発電，風力発電，波力・潮流発電，海洋温度差発電などがある。

一方，太陽光エネルギーの直接利用としては太陽光発電がある。太陽光発電は本書の主課題であり，現在[†]，世界的に大規模に実行されつつある技術である。そのほかに，まだ実用化されていないが光触媒や光電極触媒を用いて太陽光で水を直接分解し，水素と酸素を製造する方法などが期待されている。光触媒技術では，ハロゲン化合物などのごく微量の環境汚染物質を太陽光で分解する環境浄化光触媒が実用化されている。また，太陽光を用いた光化学反応による有用物質の製造なども検討されている。太陽光エネルギーの間接利用としては食糧生産のための農業や，木材生産のための林業が挙げられる。これらは光合成の産物を利用するものである。また，余分の光合成産物をバイオマスとして薪炭や種々の燃料に変換する技術も太陽光エネルギーの間接利用技術である。その他，園芸や消臭・殺菌などもこの分野に入る。人類は，古今東西いろいろな形で太陽エネルギーを利用していることから，太陽エネルギーがわれわれの生活にとって必須であることが理解できる。また，今後も新しい太陽エネルギー利用技術が開発されよう。

1.7　人類の発展と地球温暖化

いままで述べたように地球は太陽から膨大なエネルギーを受けている。地球

† 「現在」とは，とくに断りのない場合，執筆時の2017年のことを指す。

に吸収されたエネルギーから地球の温度を単純に計算すると－19℃となる[9)]。しかし，実際の地球の平均気温は，それより暖かく14℃程度であるので，計算値と大きな差がある。この原因は大気の温室効果によるものとされている。大気中に含まれる二酸化炭素（CO_2）や水蒸気ならびに雲は太陽光を通すが，地表からの赤外線（熱線）を吸収して地表へ再放射することにより地表面を温める温室効果がある。この温室効果により，火星や月などと違い，地球は常時穏やかな温度を保っていることができる。そして生命体が生き延びることができる唯一の惑星，緑の地球となっている。温室効果は人類の生存にとって非常に重要な現象である。

人類は火を使うことにより，発展の一歩を踏み出した。すなわち，エネルギー源として薪炭，水力，風力の使用に続き，産業革命や二つの世界大戦を経て石炭・石油・天然ガスなどの化石エネルギーを大量に使用することにより人類の発展速度が顕著になるとともに化石エネルギー燃焼によるCO_2の排出量も膨大となった。**図1.7**には化石エネルギーの消費による二酸化炭素（CO_2）

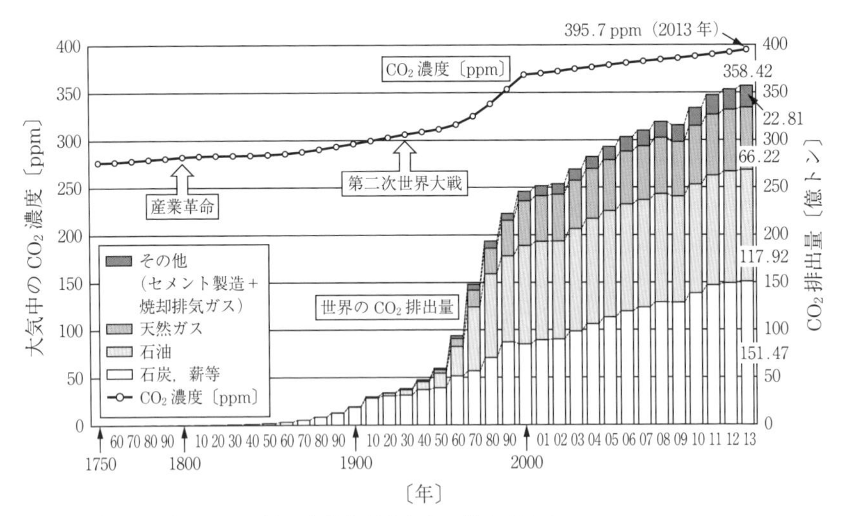

（注）四捨五入の関係で合計値が合わない場合がある

図1.7　化石燃料等からのCO_2排出量と大気中のCO_2濃度の変化
〔出典：一般財団法人・日本原子力文化財団，「原子力・エネルギー」図面集（2016）
http://www.ene100.jp/www/wp-content/uploads/zumen/2-1-3.pdf〕

の排出量と大気中の CO_2 濃度変化を示す[10]。化石エネルギーの消費による CO_2 の排出量と大気中の CO_2 濃度が，いずれも第二次世界大戦後に急激に増加しており，両者がよく対応していることがわかる。

図 1.8 には，気象庁が翻訳した IPCC 第 4 次評価報告書・第 1 作業部会報告書にある世界の平均気温の変化を示す[11]。世界の平均気温の上昇は図 1.7 に示す大気中の CO_2 濃度の増加とよく対応している。すなわち第二次世界大戦後の 1950 年頃から両者の上昇率が高くなっている。図 1.8 の過去 150 年間の世界平均気温の上昇の傾きと直近の 25 年間の世界平均気温の上昇の傾きを比べてみると，直近 25 年間のほうが，はるかにその上昇率が高いことがわかる。そして，この世界平均気温の上昇すなわち地球温暖化が世界的な気候変動を起こし，海面上昇により陸地の減少，異常気象による水害，干ばつなど，人類の生活に大きな危害を及ぼすことが危惧されている。世界各国は，気候変動の原因の科学的究明や，その影響や対策について議論を続けている。それが前述し

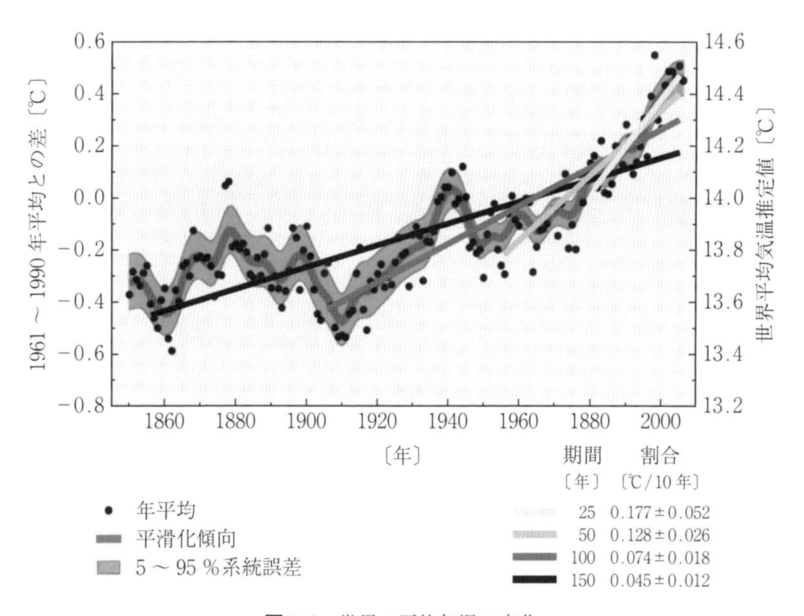

図 1.8　世界の平均気温の変化
〔出典：気象庁・気象研究所，地球温暖化の基礎知識，p.7（2008 年 6 月），
http://www.mri-jma.go.jp/Dep/cl/cl4/ondanka/text/ondan.pdf〕

た気候変動枠組条約締結会議（COP）である。また，気候変動に関する政府間パネル（IPCC）を定期的に開催し，気候変動に関する評価報告書を発表している。2013 ～ 2014 年に発表された第 5 次評価報告書・第 1 作業部会（科学的根拠）報告書によると

① 地球温暖化には疑う余地がない

② 20 世紀半ば以降の温暖化のおもな要因として，人間の影響による可能性がきわめて高い（95 ～ 100 %の確率で）

としている[1)]。すなわち，人間の経済活動が排出する大量の CO_2 などの温室効果ガスの排出が，地球温暖化の原因と断定している。

また，第 2 作業部会（影響・適応・脆弱性）報告書によると，**表 1.2** に示す地球温暖化の具体的な八つの主要リスクを指摘している。これらのリスクはわれわれの日常生活の壊滅的な破壊を予測するものと考えられる。

表 1.2　地球温暖化が及ぼす八つの主要なリスク

1. 高潮，沿岸洪水，海面水位上昇による，沿岸低地や小島しょ部への，健康，生計崩壊等のリスク
2. 洪水による，大都市住民への，健康，生計崩壊のリスク
3. 極端な気象現象による，インフラ施設やライフラインへの，機能停止のリスク
4. 極端な暑熱による，都市住民や野外労働者への，健康のリスク
5. 温暖化，干ばつや洪水等による，特に貧しい住民への，食料不足等のリスク
6. 飲料水や農業用水不足等による，特に半乾燥地域における農村への，生計や収入を損失するリスク
7. 特に熱帯と北極圏で，海洋・沿岸生態系への影響と，それによる漁業への生計が失われるリスク
8. 陸域・陸水生態系への影響と，それによる住民への生計が失われるリスク

〔出典：気象庁プレス発表（H26.3.31），
http://www.jma.go.jp/jma/press/1403/31a/ipcc_ar5_wg2.pdf〕

これまでの議論や評価を受けて 2015 年 12 月にパリで開催された COP21 では，締約国 196 ヵ国すべての炭酸ガス排出基準量を決定した（パリ協定）[12)]。各国の CO_2 排出量の決定は，これまでの COP 会議で合意のできなかった事項で，これについて合意ができたことは画期的なことと考えられている。具体的にパリ協定の中身を見てみると

① 世界の平均気温上昇を産業革命前と比較して 2 ℃未満に抑えることが目

標として掲げられたこと

② 長期的な目標として，今世紀後半に，世界全体の温室効果ガス排出量を，生態系が吸収できる範囲に収めるという目標が掲げられたこと，すなわち人間活動による温室効果ガスの排出量を実質的にはゼロにしていくこと

③ 各国は，すでに国連に提出している2025年または2030年に向けての排出量削減目標を含め，2020年以降，5年ごとに実行結果をもとに目標を見直し，提出していくこと

などがCOP21の成果と考えられる。

1.8　再生可能エネルギーの使用

地球全体に気候変動をもたらし，われわれの生活に大きなダメージをもたらす地球温暖化を抑制するため，石炭・石油など化石エネルギーの使用削減によるCO_2排出の抑制が図られているが，われわれの人類に必要なエネルギーを使わないわけにはいかない。そこで，CO_2を排出しないエネルギーの生産・使用が重要となってきた。CO_2を排出しないエネルギーとしては，昔から風車や水車などが使用されてきた。これらは再生可能エネルギーの利用である。再生可能エネルギーとは，“地球の自然現象の中で，繰り返し得られる自然エネルギーで，使用しても減らないエネルギー”とされている[13)]。日本の法律「エネルギー供給構造高度化法」の第2条3項では「再生可能エネルギーとは太陽光，風力その他の非化石エネルギー源のうち，エネルギー源として永続的に利用することができると認められるものとして政令第4条に定められるものをいい，太陽光，風力，水力，地熱，太陽熱，大気中の熱その他の自然界に存する熱（前の二つを除く），バイオマス（動植物に由来する有機物であってエネルギー源として利用することができるもの（第2条第2項に規定する化石燃料を除く））」と定義されている。

また，利用実効性が認められれば，海洋温度差，波力，潮流（海流），潮汐などの海洋エネルギーも再生可能エネルギーとして扱われる[14)]。このうち地熱

エネルギー以外は，すべて太陽エネルギーを起源とする。例えば，風力エネルギーは，大気温の地域差により起きる風を利用するし，水力エネルギーも海洋が熱せられて海水が水蒸気・雲となり，高緯度地方に降り注ぐ雨の位置エネルギーを利用するものである。また，海洋エネルギーも海流の温度差により生ずる海流の運動エネルギーを利用するものである。すでに述べたようにエネルギーの形態は多様に変化する。

原子力エネルギー（核エネルギー）も再生可能エネルギーと同じく，CO_2を排出しないが，使用する^{235}Uなどの核燃料物質の資源量は無限ではない。また，使用後は放射性物質を含む核廃棄物を発生する。この核廃棄物の処理方法が，まだ完全には確立されておらず有害な放射性物質を含む核廃棄物の貯蔵量が年々増加してゆく。地震などの多い日本では地中に長期間，安全に貯蔵できるかどうかが問題となる。

1.9　一次エネルギーと二次エネルギー，新エネルギー

一次エネルギーとは，自然から直接得られるエネルギーで，石炭，石油，天然ガス，シェールガスなどの化石エネルギーや太陽光や風力などの再生可能エネルギーを指す。二次エネルギーとは，一次エネルギーからエネルギー変換で生成されるものである。例えば，電力は典型的な二次エネルギーである。われわれは，電力を火力発電，水力発電などで得ている。ただし，雷のような自然界で発生する電力エネルギーもあるが，現在それを制御して使用することはできないので，これを電力には含めない。二次エネルギーとしては，そのほかに水素エネルギー，ガソリン，合成燃料などが相当する。また，新エネルギーという言葉もあるが，もとは，“石油代替エネルギー”を指し廃棄物発電や天然ガスコジェネレーション，燃料電池などが対象となっていた。しかし，2008年の政令改正からは，新エネルギーは，再生可能エネルギーを指すこととなった[15)]。

1.10 世界の再生可能エネルギーの使用状況

地球温暖化問題の高まりから，先進国を中心として再生可能エネルギーの積極的な導入が図られているが，その導入量は十分ではない。**表1.3**に2015年の世界の最終消費エネルギーに占める各種エネルギーの割合を示す[16]。化石エネルギーは78.4％，原子力エネルギーは2.3％を占める。一方，再生可能エネルギーの割合は19.3％である。そのうち，薪などの伝統的なバイオマスエネルギーが9.1％で，現代的な再生可能エネルギーが10.2％を占めている。現代的な再生可能エネルギーのうちバイオマス，地熱，太陽熱などの熱利用が4.2％，水力発電が3.6％，風力・太陽光・バイオマス・地熱などによる発電が1.6％，バイオ燃料が0.8％となっている。太陽光発電・風力発電などの利用がわずか1.6％とまだまだ不十分な状況である。それでは，電力に対する再生可能エネルギーの割合はどうだろうか。**表1.4**に，2016年の世界の電源別の発電比率を示す[17]。石油，石炭，天然ガスなどの化石エネルギーと原子力エネルギーを合わせた発電比率が75.5％，再生可能エネルギーによる発電比率が24.5％，その内訳として，水力発電が16.6％，風力発電が4.0％，バイオ燃料発電が2.0％，太陽光発電が1.5％，地熱と太陽熱と海洋エネルギーによる発

表1.3 2015年の世界の最終消費エネルギーに占める各種エネルギーの割合

各エネルギーの種類	割合〔%〕		
化石エネルギー	78.4		
原子力エネルギー	2.3		
再生可能エネルギー	19.3		
伝統的バイオマス（薪など）		9.1	
現代的再生可能エネルギー		10.2	
バイオマス・地熱・太陽熱などの熱利用			4.2
水力発電			3.6
風力・太陽光・バイオマス・地熱などによる発電			1.6
バイオ燃料			0.8

〔出典：Renewables 2017，Global Status Report，p.30〕

表 1.4　世界の電源別の発電比率（2016 年末）

電源の種類	割合〔%〕	
非再生可能エネルギーによる発電（石炭・石油・天然ガス・原子力）	75.5	
再生可能エネルギーによる発電	24.5	
水力発電		16.6
風力発電		4.0
バイオ燃料発電		2.0
太陽光発電		1.5
地熱・太陽熱・海洋エネルギー発電		0.4

〔出典：Renewables 2017, Global Status Report, p.33〕

電が 0.4 %となっている。再生可能エネルギーでは水力発電が支配的である。

表 1.5 は，2016 年の世界の再生可能エネルギーによる発電設備容量の分布を示している[18)]。再生可能エネルギーによる発電設備容量は全体で 2 017 GW（ギガワット）である。そのうちもっと多い水力発電 1 096 GW を除くと 921 GW となる。1 GW は 100 万 kW を示し，ほぼ原子力発電所 1 基分に相当するといわれているので，世界に原子力発電 921 基分の水力を除く再生可能エネルギー発電所があることになる。その内訳としては風力発電が 487 GW で水力を除く再生可能エネルギー発電の 52.9 %，ついで太陽光発電が 303 GW で 32.9 %，バイオ発電が 112 GW で 12.2 %，その他，地熱・太陽熱・海洋エネルギー発電などが 2 %となっている。世界的には風力発電，ついで太陽光発電の順と

表 1.5　再生可能エネルギーによる発電設備容量〔GW〕の分布（2016 年）

発電種類	世界	中国	アメリカ	ドイツ	日本	インド
バイオ発電	112	12	16.8	7.6	4.1	8.3
地熱発電	13.5	～0	3.6	～0	0.5	0
水力発電	1 096	305	80	5.6	23	47
海洋発電	0.5	～0	0	0	0	0
太陽光発電	303	77	41	41	43	9.1
太陽熱発電	4.8	～0	1.7	～0	0	0.2
風力発電	487	169	82	50	3.2	29
総計	2 017	564	225	104	73	94

〔出典：Renewables 2017, Global Status Report, p.166〕

なる。各国の内訳を見ると，アメリカや中国，インドでは風力発電が主流であるが，ドイツでは風力発電と太陽光発電がほぼ同程度，日本では太陽光発電が圧倒的に風力発電より多いことがわかる。各国の気候やいままでのエネルギー政策により発電設備の導入量に変化が現れたものと考えられる。

1.11 再生可能エネルギーの賦存量

では，再生可能エネルギーの賦存量はどれくらいなのだろうか。すでに述べたように地熱エネルギーを除くすべての再生可能エネルギーは太陽エネルギーを起源としているので，太陽エネルギーが最も賦存量が多い。地球の大気圏に到達する太陽エネルギーは，1.3 節で述べたように 1.72×10^5 TW である。そのうち地表に到達する太陽エネルギーが約半分の 8.5×10^4 TW，さらにその中で人類が収取可能なエネルギーは 1 000 TW といわれている[19]。一方，2017 年の世界のエネルギー消費量は石油換算で 131 億トン[20]，これは約 17.3 TW に相当する。すなわち，地上に届く太陽エネルギーに換算すると，われわれはその約 1.7 % しか使用していないことになる。再生可能エネルギー，中でも太陽エネルギーは人類が使用尽くすことができないほど多く地表に存在するのである。

太陽エネルギーの特徴を**表 1.6** にまとめる。太陽エネルギーは，まず無償（ただ）であること，膨大で非枯渇性でほぼ無限に存在すること，大気汚染も熱汚染もなくクリーンであること，石油産地のような極端な地域偏在性がないことなどが長所である。一方，エネルギー密度が低い，曇天日や雨天日にはさらにエネルギー密度が低く，夜間には使用できないことなどの短所もある。しかし，長所のほうが圧倒的に大きい。人類は太陽の恵みを受けて発展してきたのだから。また，エネルギー資源の極端に少ない日本でも年間直達日射量が 1 000 ～ 1 300 kWh/m^2 と，赤道直下のサンベルト地帯の国々の直達日射量の約 6 割が得られることはたいへん嬉しいことである。

表 1.6　太陽エネルギーの特徴

太陽エネルギーの特徴	
長　所	・供給量は膨大（1 時間で地球のエネルギー消費 1 年分）。 ・非枯渇性…使っても減らない。50 億年。 ・クリーンである…大気汚染なし。地球の熱バランスにも影響を与えない。 ・地域偏在性がない。
短　所	・エネルギー密度が低い…地上ではたかだか 1 KW/m^2。 ・曇天日や雨期，夜間には使用できない。
＊光合成に利用されている太陽エネルギーは，わずか 0.02 %	
日本は太陽エネルギー資源中国	
	・日本の平均日射量：最大が 5 月 = 410 cal/cm^2・日 最小が 1 月 = 150 cal/cm^2・日 ・日本全域の年平均全天日射量 = 290 cal/cm^2・日 年間直達日射量 1 000 ～ 1 300 kWh/m^2 ・これはヨーロッパでは，イタリア北部，スイス，フランス南部，スペイン，ポルトガル，北アメリカではカナダ南部と同程度。 ・太陽エネルギー資源大国…アフリカ，中近東，インド，ビルマ南部，タイ南部，オーストラリア，アメリカ西部，南アメリカ（日本の 1.5 倍以上）。 “サンベルト地帯”：年間直達日射量 1 800 ～ 3 000 kWh/m^2 ・太陽エネルギー資源小国…中欧，北欧

1.12　太陽光発電の可能性 ― テラワット・チャレンジ ―

太陽光発電の導入量は表 1.4 で見たように化石エネルギーによる発電や水力発電に比べ少ない状況であるが，太陽光発電の今後の展開にはどれくらいの可能性があるのだろうか。これに関して，興味深い話があるので紹介する。サッカーボール状炭素材料のフラーレン（C_{60} など）を発見して，1996 年のノーベル化学賞を受賞した 3 人の科学者の一人であるアメリカのライス大学の教授であった故リチャード・スモーレイ（Richard Smalley）博士が 2004 年のアメリカ材料学会（MRS）で行った特別講演である[21]。講演のタイトルは “Humanity's Top Ten Problems for next 50 years” というものであった。彼は，この講演の中で人類が 21 世紀半ばの 2050 年までの間に，解決すべき最も重要な 10 個の課題（トップ テン）について述べた。トップに挙げた課題はエネルギー問題だった。ついで，水（飲料水），食料，環境，貧困，…などが続くが，これらの課題はエネルギーさえ確保できればすべて解決できると述べている。すなわち，安価なエネルギーさえ確保できれば，水，食料，環境など人類の生存に必要なすべての課題は解決できると彼は考えるのである。

では，エネルギーをどのように確保するのだろうか。彼は，**図1.9**に示すようなテラワット・チャレンジ構想を述べている。地球温暖化が深刻な現在，エネルギーを化石エネルギーに依存することはできない。2004年当時の世界の人口は約60億であり，そのときの世界の消費エネルギーは14.5 TWであった。そして人類の人口はさらに増加して，2050年までに約100億人に達すると見積もられている[22]。スモーレイ博士は「100億のすべての人類が，健康で安定した豊かな生活を送るためには，年間60 TWのエネルギーが必要である。60 TWという膨大なエネルギーを長期的に安定に供給できるエネルギーは，唯一太陽エネルギーのみであり，中でも太陽光発電は，最も可能性が高い」と述べている。では100億の人類を養う60 TWのエネルギーを太陽光発電で得るにはどうしたらよいのだろうか。彼は，カリフォルニア工科大学のナタン・ルイス（Nathan Lewiss）教授とともに試算を行い，世界の太陽光エネルギーが

Terawatt Challenge（テラワット・チャレンジ）
Richard Smalley: 1996年フラーレン（C_{60}）の発見でノーベル化学賞受賞

・世界のエネルギー需要（2004年，人口63億）：14.5 TW（テラワット）
（2016年，人口73億）：17.8 TW
・2050年には人口100億と予想される。そのとき必要なエネルギーは約60 TW。
・世界のサンベルト地域に100キロ四方の太陽光発電所を6ヵ所建設。太陽電池の変換効率を10％として，1ヵ所で3.3 TW，6ヵ所で20 TWのエネルギーが生産できる。
・変換効率30％の太陽電池では60 TWのエネルギーが生産できる。
太陽エネルギーのみが，2050年・世界人口100億を養うことができる。

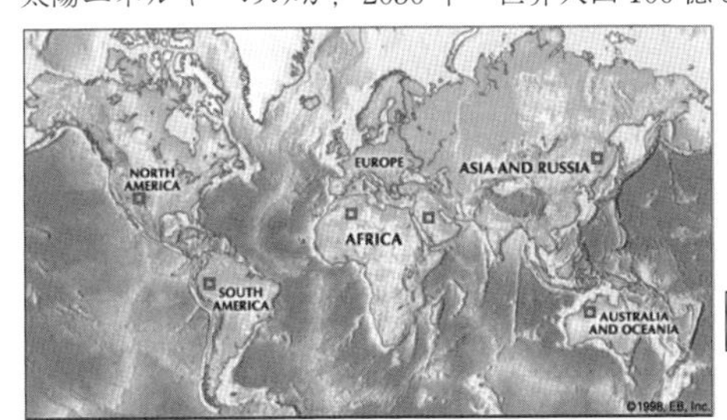

Solar Land Area Requirements
北アメリカ，南アメリカ，アフリカ，ユーラシア，オーストラリアの5大陸とサウジアラビア半島のサンベルト地帯に100キロ四方の太陽光発電所を各1カ所，総計6カ所に作る。

課題は安い太陽電池を作ること。

図1.9　リチャード・スモーレイ（Richard Smalley）博士のテラワット・チャレンジ構想[21]

豊かな6ヵ所に100 km四方の太陽光発電所を作り，そこに変換効率30 %の太陽電池を設置すれば60 TWのエネルギーが得られることを提案した。ただし，100 km四方の大きさの太陽光発電所は例示であり，必ずしも1ヵ所で作る必要はなく，一般家庭の屋根の面積の加算や複数個所の敷設分を合わせて100 km四方としてもよいと考えられる。また，スモーレイ博士は，太陽光発電で得られる電力は数¢（セント）/kWh程度の安い価格でなければいけないとしている。2.1節で述べるが，現在の太陽光発電システムの大きな課題は，その発電コストが化石由来の電力コストに比べてまだ高価であることである。太陽光発電では電力コストの低減が，これからの太陽光発電技術の課題の一つと考えられている。

現在，実用化されている結晶シリコン（Si）系太陽電池で最高性能の太陽電池はHBC型太陽電池（3.2.4〔3〕参照）で，26.33 %の光電エネルギー変換効率が報告されている。また，宇宙用太陽電池に使用されているGaAs系の多接合型太陽電池（3.3.3〔2〕参照）では30 %以上の変換効率が得られている。ただし，その製造コストは結晶Si太陽電池の300倍といわれているが。要するに，30 %以上の変換効率を示す太陽電池はすでに開発されていて，スモーレイ博士の提案は夢ではないのである。ただし，その太陽電池により発電された電力のコストをいかに低減するか，そして発電した電力をいかに貯蔵するか，またいかに輸送するかが，これから解決すべき課題となっている。われわれの必要とするエネルギーをすべて太陽光発電で供給することは夢のような話であるが，将来実現可能な構想なのである。このことを若い人々には，ぜひ覚えておいてもらいたいと思う。

1.13　ドイツの“エネルギー転換”政策

欧州連合（EU）の地球温暖化防止目標は，温室効果ガスを1990年比で2030年までに40 %，2050年までに50 %削減するという画期的なものである。EUの主要国であるドイツは，この目標のために再生可能エネルギーの導入計画である「エネルギー転換（Energie Wende）政策」に積極的に取り組んでいる。**図 1.10** は 2003 年にドイツの気候変動諮問会議（German Advisory Council on Global Climate Change, WBGU）が発表した世界の 1 次エネルギー供給予想図[23] に筆者が一部加筆した図である。2030 年には 1 次エネルギーの 25 %，2050 年には 50 %，2100 年には 87 %が再生可能エネルギーで供給されると予測している。再生可能エネルギーの導入に対してかなり踏み込んだ予想である。再生可能エネルギーの中身はバイオマス，風力，太陽光発電が中心であるが，太陽光発電に関しては 2050 年には世界の全 1 次エネルギーの 20 %，2100 年には 60 %以上を占めると予測し太陽光発電に重きを置いていることがわかる。

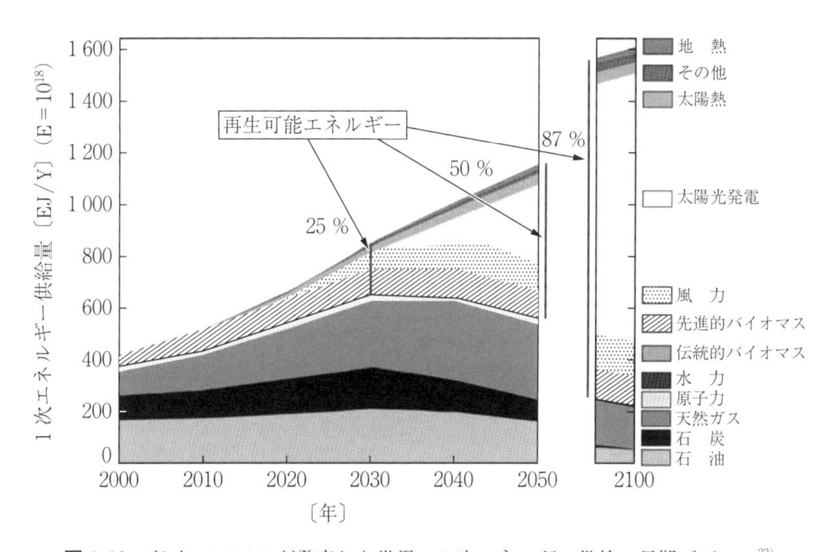

図 1.10　ドイツ WBGU が発表した世界の 1 次エネルギー供給の長期ビジョン[23]

ドイツは再生可能エネルギーによる電力の導入のため，1991 年に「電力買取法」を制定し，さらに 2000 年には「再生可能エネルギー開発促進法」（EEG）を制定した。これにより「固定価格買取制度」（Feed-in Tariff, FIT，5.2.3 項参照）が導入され，電力会社に対して再生可能エネルギーから発電した電力を高い価格で買い取ることが義務付けられた。また，買取価格と販売価格の差額は，国民の払う賦課金で補うことになるが，EEG により再生可能エネルギー電力の導入が大幅に促進される結果となった。ドイツでは，電力における再生可能エネルギーの割合を 2025 年には 40 ～ 45 %，2035 年には 55 ～ 60 %，2050 年には 80 %にすることを目標としている。

表 1.7 は 2016 年（暫定値）のドイツにおける電力のエネルギー源別の電源構成を示している[24]。再生可能エネルギー電力の割合が 29.5 %となり，2025 年の 40 ～ 50 %の目標に確実に近づいている。太陽光発電の割合は風力発電，バイオマス発電に次いで 5.9 %を占めている。参照として日本の 2015 年の電力の電源構成も載せている[25]。再生可能エネルギー電力の割合が 14.4 %でありドイツの約半分である。太陽光発電の割合は，水力発電の 8.8 %についで 3.3 %を占める。一方，ドイツの原子力発電は 13.1 %のシェアであるが，2011 年の東日本大震災時の原子力発電所の破壊事故の影響を受けて，2022 年までに原子力発電所の全廃を予定しているので，今後さらに再生可能エネルギー電力の割合が大きくなるものと考えられる。ドイツでは，2015 年の 8 月 23 日（晴天日）の午後 1 時には，再生可能エネルギー電力が消費電力の 84 %を占めたことが報告されている[26]。その内訳は太陽光が 39.6 %，風力が 31.3 %，バイオマスが 8.6 %，水力が 3 %であった。当日は日曜日だったこと，多

表 1.7　ドイツと日本のエネルギー源別発電構成比率〔%〕

	ドイツ（2016 年暫定）		日本（2015 年）	
化石エネルギー	57.4		84.6	
褐　炭		23.1		0.0
石　炭		17.0		32.0
石　油		0.9		7.8
天然ガス		12.1		39.9
その他		4.3		4.9
原子力エネルギー	13.1		0.9	
再生可能エネルギー	29.5		14.4	
風　力		10.3		0.5
洋上風力		2.0		0.0
バイオマス		7.0		1.6
太陽光		5.9		3.3
水　力		3.3		8.8
地　熱		0.0		0.2
家庭ごみ		0.9		—
総　計	100		99.9	

くの州で夏休み中のため電力需要が少なかったこと，快適な暖かい気候だったことなどが影響していると考えられた。さらに，2016 年 5 月 8 日の午前 11 時には一時的に電力需要の 95 %が再生可能エネルギー電力で賄われたという報告もある。人口 1 000 万のポルトガルでは 2016 年 5 月 5 日から 4 日半の間，太陽光発電，風力発電，水力発電，バイオマス発電による再生可能エネルギー電力で電力需要の 100 %が賄われたという[27]。再生可能エネルギー電力で，電力需要の 100 %を賄うことができるとは，10 年前では予想もできないことであった。まさに 21 世紀は再生可能エネルギーの時代となり，太陽光発電は風力発電とともに欠くことのできない主要な電力源となってゆくことだろう。

1.14 シェル社の“ニュー・レンズ・シナリオ”

もう一つ太陽光発電のポテンシャルを重視している例を挙げよう。世界的なエネルギー企業であるロイヤル・ダッチ・シェル社は，経営戦略の一環として将来予測シナリオをこれまでに発表している。2013 年には，水，エネルギー，食糧などの人類に必要不可欠な資源に対する需要・供給の 21 世紀末までの予測シナリオ，“ニュー・レンズ・シナリオ”を発表した。このシナリオは二つの視点から構成されている。一つは，現体制下での現状維持を基本とした“マウンテンズ・シナリオ”である。もう一つは権力が幅広く移譲された世界での市場原理に基づく“オーシャンズ・シナリオ”である。“オーシャンズ・シナリオ”での 21 世紀のエネルギーの供給予測について見ると，エネルギー価格の高騰と需要増加の追い風により再生可能エネルギーは着実に拡大し，中でも分散型の太陽光発電が主要エネルギー源になってゆくことを予想している。現時点（2013 年）では 13 番目のエネルギー源にしかすぎない太陽光発電が 2040 年までに石油，天然ガス，石炭につぐ 4 番目となり，さらには 2065 年には世界最大の 1 次エネルギー源になると予測している。つまり，太陽光発電が世界のエネルギーシステムを支配するようになるのである。

表 1.8 には 2100 年の世界の 1 次エネルギー供給の予測を示す[28]。21 世紀末

表 1.8　シェル社のニュー・レンズ・シナリオによる 2100 年の世界の 1 次エネルギー供給予測[28]

各エネルギーの種類	割合〔%〕	
化石エネルギー	21.5	
石油		10.1
天然ガス		7.5
石炭		3.9
原子力エネルギー	6.3	
再生可能エネルギー	71.9	
太陽光発電		37.7
バイオ燃料		9.5
風力発電		8.4
ガス化バイオマス		5.3
地熱発電		4.4
水力発電		2.2
伝統的バイオマス		0.3
その他の再生エネルギー		0.003
廃棄物系バイオマス		4.1
合計	99.7	

の 2100 年には再生可能エネルギーが 1 次エネルギーの約 72 %を占め，その内太陽光発電が 37.7 %と圧倒的な割合となっている。ついでバイオ燃料 9.5 %，風力発電 8.4 %，ガス化バイオマス 5.3 %，地熱発電 4.4 %と続く。一方，化石燃料と原子力発電の占める割合は約 28 %で，その内，石油が 10.1 %，天然ガス 7.5 %，石炭 3.9 %，原子力発電が 6.3 %と予測している。

以上述べたように大学関係者（スモーレイ博士），公的機関（ドイツ WGBU），民間企業（シェル社）から太陽光発電の重要性が指摘されており，21 世紀において太陽光発電は世界的に最も期待されているエネルギー技術といって過言ではないだろう。

2 太陽電池の基礎

2.1 太陽電池とは

太陽電池とは無尽蔵の太陽光を受けて，その光エネルギーを直接電気エネルギーに変換できる発電装置ということができる。普通，電池といえばアルカリ乾電池のように電池内部の物質の自発的な化学反応により生ずる電気化学エネルギーを電力として取り出すものや，鉛蓄電池やLi電池のように充電して貯めた電力を取り出すものをいうが，太陽電池は電池という名はついているがじつは発電装置である。電力を貯めている電池ではない。

通常，発電装置には燃料やエネルギーの準備が必要である。例えば，火力発電装置では石炭，石油，天然ガスなどの化石燃料が必要であるし，原子力発電ではウランなどの核燃料が必要である。また，水力発電装置では，高い所に水を貯めるダム，すなわち位置エネルギーの準備が必要である。一方，太陽電池は降り注ぐ太陽光さえあれば，地球上のどこででも，静かに，廃棄物を出すことなく無限に発電し，化石燃料や核燃料も必要なく，ダムのような大型施設を建設することも必要ない。これが太陽電池の大きな特長である。

太陽電池には二つの使い方がある。一つは，一般家屋やビルの屋根，屋上，壁面などに太陽電池を取り付けて，その場で電力を生産し使用するという太陽電池を独立・分散型電源として用いる方法である。もう一つは，広い敷地に大量の太陽電池を設置して大型の太陽電池設備，いわゆる太陽光発電所を建設し，得られた大電力を送電線などの系統連携設備を通して遠隔地の工場やビル，一般家庭などに供給するやり方である。

図 2.1 に一般家庭で使用される太陽光発電システムを示す。太陽電池の，単一で最小のものを，太陽電池セルと呼ぶ。市販の太陽電池セルは，10 cm から 12 cm 角程度の大きさで，材料として単結晶 Si や多結晶 Si がよく使用される。高性能な単結晶 Si 太陽電池セル 1 枚で約 42 mA（ミリアンペア）/cm^2 の電流と約 0.74 V（ボルト）の電圧が取れる。セル 1 枚の受光面積を 144 cm^2（12 cm 角）とすると約 3.7 W の電力が発生する。しかし，太陽電池セル 1 枚だけでは，日常の電気製品を駆動できる電圧（100 V）や電力が得られないので，太陽電池セルを数十枚つないで 1 m 角程度の大きさにする。これを太陽電池モジュールまたは太陽電池パネルという。太陽電池モジュールは，屋外で使用できるよう樹脂や強化ガラスでパッケージ化したものである。1 m 角に前述の 12 cm 角の太陽電池セルを 64 個組み込むと，1 枚の太陽電池モジュールで 236.8 W の電力が得られる。一般家庭の電力として 3.5 ～ 4.0 kW が必要といわれているので，この太陽電池モジュールを 17 枚つなげた太陽電池アレーで，

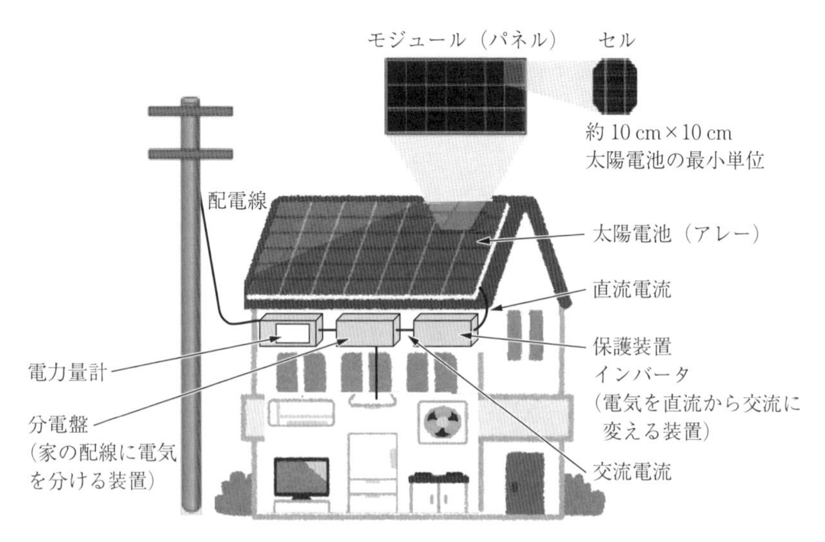

図 2.1　一般家庭用の太陽光発電システム

家庭用電気製品を問題なく使用することができる。モジュールを1列に並べたものをストリングスといい，ストリングスをいくつか集めたものをアレーという。図2.1に見るように，屋根に取り付けられた太陽電池アレーで発電された直流の電力は，保護装置やインバータを通して家庭用電気製品が使用できるような交流に変換される。そして分電盤を通してテレビ，冷蔵庫などの家庭用電気製品に供給される。現在では，家庭で電力を使用しない場合は，電力量計を経て系統連携システムを通して余剰電力として売電もできるようになっている。日本では2016年末で205万戸以上の一般家庭に太陽光発電システムが設置されている[29]。

海外では，日本と異なり一般家庭に太陽光発電システムを設置する例は少なく，広大な土地に大規模太陽光発電所（メガソーラー）を作り，系統連系システムを通して電力を供給する方法が主流である。大型化により発電装置の設置コストや管理運営コストを低減できる利点があるからである。最近，日本でも政府が再生可能エネルギーの積極的導入策として再生可能エネルギー電力の固定価格買取制度（FIT）を開始して以来，日本でもメガソーラーが多く建設されている。その数は約2 400ヵ所にのぼる。**図2.2**には茨城県行方（なめかた）市にある北浦複合団地太陽光発電所の写真を示す[30]。太陽電池設置面積は約34.8ヘクタール（東京ドーム7.5個分）で，太陽光発電総容量は28.4 MW（メガワット），年間の予想発電電力量は約29 500 MWhで，これは，一般家庭約8 200世帯の消費電力に相当する。これからもメガソーラーは数多く建設されてゆくものと思われる。

太陽光発電システムの特徴を**表2.1**にまとめる。長所としては，第1に，発電に必要な化石燃料や核燃料は要らないことである。太陽電池は，無尽蔵な太陽光エネルギーを，降り注ぐそのままの形で利用するため燃料コストはかからない。これは，再生可能エネルギーを利用する水力発電や風力発電も同様である。

第2に，太陽電池は排出物がなくクリーンで環境に負荷を与えない。CO_2の温室効果による地球温暖化が問題となっている現在，燃料由来の排出CO_2の抑制は世界各国で強く求められている。

茨城県行方市のメガソーラー：北浦複合団地太陽光発電所
敷地面積：34.8 ヘクタール（東京ドーム 7.5 個分）
発電出力：28.4 MW，年間予想発電電力量：29 500 MWh
（約 8 200 世帯分に相当）

図 2.2　太陽光発電所（メガソーラー）の例

表 2.1　太陽光発電システムの特徴

長　所
1. 降り注ぐ太陽光を利用するため，発電のための燃料費はいらない。
2. 炭酸ガスなどの排出ガスや核燃料廃棄物を排出せず，クリーンで環境負荷を与えない。
3. 光を電気に直接変換するため，発電機やタービンを必要とせず，駆動音がなく静か。
4. 運転管理・維持が簡単で自動化・無人化が可能で寿命が長い。
5. 発電装置の規模の大小にかかわらず発電効率が一定。
6. 拡散光や微弱光でも発電可能。
7. 電力系統設備のない地での独立電源として使用でき，非常時や災害時の電源としても使用できる。
短　所
1. 夜間は発電できない。
2. 発電効率が，他の発電装置より低い。天然ガスの複合発電では約 55 %，水力発電では約 80 %の発電効率。
3. 発電コストが他の発電装置を使うより，まだ高くつく。太陽電池のコストが高い。

第 3 に，太陽電池は，太陽光を直接電気に変換するため，装置の駆動音などの騒音が発生せず静かに発電することができる。一方，火力発電や原子力発電は燃料から得られる熱エネルギーを，水蒸気を利用してタービン，発電機を回転させるので，その際に機械的な回転音などが発生する。風力発電も同様で，

プロペラの風を切る音や，発電機の機械的な回転音などが発生し，一部には騒音が発生している。

第4に，太陽電池は機械的動力装置などを使用しないので運転・管理・維持が他の発電装置に比べて簡単・容易であり，自動化・無人化が可能であること，また太陽電池の寿命が長いことが特長に挙げられる。太陽電池を交換することなく30年以上発電している装置も確認されている。これらの特長を利用して，無人島やへき地の灯台などの電力源として利用されている。

第5に，太陽電池は，その規模にかかわらず発電効率が一定である。太陽電池セル1枚でも，数十枚つないだ太陽電池モジュール，さらには太陽電池アレーでも並べる太陽電池の数が違うだけで基本的に発電効率は一定である。このような特長は，熱エネルギー利用する火力発電や原子力発電では見ることができない。逆にいうと太陽電池には発電に対するスケールメリットがないということになる。

第6に，太陽電池は弱い光でも発電する特徴がある。真夏の快晴日の正午でも，真冬の曇天日の夕方の薄暗いときや雨の日でも，そのときの太陽光エネルギーの分布や量に応じた電力を得ることができる。

第7に，太陽電池は系統連携設備のない山奥や孤立した村，砂漠，離島，洋上などでも発電可能であり，また災害時や非常時でも太陽光さえあれば発電できるという独立電源として使用できるという特長がある。

このように，多くの長所のある太陽電池であるが，他の発電設備に比べ短所もある。すなわち，第1に夜間は発電できないということである。それゆえ，1日中発電できるベース電源としては使用できない。これは，太陽光で発電する限り仕方のないことではあるが。

第2には，発電効率が火力発電などの発電装置に比べて，まだ低いことである。火力発電では，燃料の持つエネルギーに対して電力エネルギーとして取り出せる割合である発電効率は30～60％であるが，太陽電池は市販のものでは10～20％程度である。研究段階の太陽電池や宇宙で使用される太陽電池では30～40％の発電効率を持つものもある。

第3は，太陽電池による発電コストが，まだ従来の火力発電による発電コストより高価なことである。太陽電池の製作費がまだ高価で，発電効率の向上や太陽電池の製造コストの低減のための研究開発が行われている。

このような短所はあるものの，環境に配慮した発電を重視されるこれからの世界では太陽電池の長所のほうが大きいと考えられる。また，夜間に発電ができないことや高価なことなどは，安価な蓄電池の開発や太陽電池の効率向上や製造コストの低減に向けた，これからの研究や技術開発で克服されてゆくものと期待される。

2.2 太陽電池開発の歴史

2.2.1 光起電力効果の発見

太陽電池に関わる主要な発明・発見や技術開発の経緯を**表 2.2** に示す。太陽電池は光エネルギーを吸収して，それを電流として取り出す光電変換装置であるが，電流は両極間に電位差がないと取り出せない。この電流を取り出すことのできる電位差または電圧を起電力という。一方，物質に光を照射した場合，電流が流れる現象を光伝導というが，光伝導だけでは電流を取り出すことはできない。起電力はいろいろな方法で生み出すことができる。例えば，乾電池の場合は化学反応により電位差が生じ，発電機では電磁誘導による電位差すなわち起電力が発生する。

太陽電池の基本性能である，物質に光を当てて起電力を生じる作用，すなわち光起電力効果を初めて見出したのは，19世紀半ばのフランスの物理学者アレキサンドル・エドモン・ベクレル（A. E. Becqerel）であった。彼は塩化銀（AgCl）を含む電解質溶液の入った容器に，AgCl で覆われた白金（Pt）電極（明極）と，裸の Pt 電極（暗極）を差し込んで電気化学セルを作り，AgCl で覆われた白金（Pt）電極（明極）に光を照射した。すると，両極間に電位差が生じ，電流が流れることを見出したのである。1839年に報告された，溶液系セルでの，この発見が太陽電池の起源と考えられている。AgCl は半導体であ

表 2.2 太陽電池に関わる主要な発明・発見や技術開発

1800 年代	1839 年	フランスの物理学者 Becqerel が Pt 極と AgCl（半導体）を用いた溶液セルで光起電力効果を発見。
	1876 年	イギリスの物理学者 Adams と Day が Se（半導体）と Au の点接触固体素子で光起電力効果を発見。
	1883 年	アメリカの Fritts が Se と Au を面接触させた面接合型 Se 光電池を開発。
1900 年代	1925 年	オーストリアの理論物理学者 Schrödinger とドイツの理論物理学者 Heisenberg らが量子力学の基礎を確立。
	1942 年	チョクラルスキー（Czochralski）法による高純度 Si 単結晶育成技術の確立。
	1947 年	アメリカの Bell 研究所で Ge 基板を用いた点接触型トランジスタの開発（Shockley, Bardeen, Brattain）。
1950 年代	1951 年	Bell 研究所で Shockley が Si 単結晶を用いた面接触型トランジスタを開発。
	1952 年	Bell 研究所で Fuller が気相の不純物を Si 基板に拡散させ pn 接合を形成する技術を開発。
	1954 年	Bell 研究所で pn 接合型 Si 太陽電池の開発（Chapin, Fuller, Pearson）。
	1955 年	日本電気（NEC）の林一雄らが日本で最初の Si 太陽電池の試作に成功。
	1955 年	アメリカの US Airforce の Reynolds が Cu_2S/CdS 太陽電池を開発。変換効率 6 %。
	1956 年	アメリカの RCA Lab の Jenny が GaAS 太陽電池を開発。変換効率 6 %。
	1958 年	アメリカが初めての太陽電池搭載人工衛星バンガード 1 号を打上げ。日本で初めて太陽電池が東北電力信夫山無線中継所に設置される。
1960 年代	1960 年	ソビエトの Vodakov が単結晶 CdTe で pn ホモ接合太陽電池の開発。変換効率 4 %。
	1969 年	ソビエトの Adirovich が薄膜 CdS/CdTe で pn ヘテロ接合太陽電池の開発。変換効率 1 %。
1970 年代	1975 年	Bell 研究所の Wagner らが CdS/$CuInGaSe_2$ 単結晶ヘテロ接合太陽電池の開発。変換効率 12 %。
	1976 年	アメリカの RCA lab の Carson がアモルファス Si 太陽電池を開発。変換効率 6.1 %。

り，光照射により AgCl の価電子帯の電子が励起されて伝導帯に移り，伝導帯に移った電子が Pt 電極に移動して，さらに外部結線を通して対極の Pt 極に移り，電位差と電流が生じたものと考えられる。

ついで 1876 年にイギリスの物理学者のアダムス（W. G. Adams）とデイ（R. E. Day）が金属セレン（Se）と Pt 線の固体どうしの点接触による光起電力効果を見出した。金属セレンは，半導体特性や光伝導性が認められている。さらに1883年には，アメリカ人のフリッツ（C. E. Fritts）がSe板に薄い金（Au）の膜を接合したSe太陽電池（Se光電池とも呼ばれる）を開発した。これが，現在の平面接合型の太陽電池の原型と考えられる。ただし，この電池は，金属と半導体を接合したショットキー接合を用いたもので，現在の太陽電池の主流であるpn接合型の太陽電池ではない。また，当時は，まだ光や電子を扱う量子力学の概念がなく，光や電子の振舞いを扱うことができない古典力学の立場からSe光電池はあまり信用されていなかった。

その後，光電効果の発見やアインシュタイン（A. Einstein）の光量子仮説を経て，光と量子の相互作用が理解・説明されるようになり，さらに1925年のシュレーディンガー（E. Schrödinger）とハイゼンベルグ（W. Heisenberg）による量子力学の基礎が確立されると太陽電池に対する理論的な理解が深まった。そして，1931年にはドイツの科学者ランゲ（B. Lange）によりSe太陽電池が再確認されたが，太陽電池としてのエネルギー変換効率は低く，せいぜい1％程度であった。Se太陽電池は，Se光電池として光から電気を得る手段を利用する光センサとして，シリコン（Si）太陽電池が登場する1960年代までカメラの露出計などに広く利用された。

2.2.2　pn接合型Si太陽電池の開発

現在の太陽電池の主流であるpn接合型Si太陽電池の開発は，1940年代から1950年代にかけて行われた。当時は，電話などの通信設備には真空管が使用されていた。真空管は交流を直流にする整流，一定の周期波形を持つ電気信号を発生させる発振，周波数や振幅を変化させる変調，電気信号の振幅を大きくする増幅などができる有用な電気・電子回路素子であるが，消費電力が大きく，発熱する，寿命が短い，小型化できない，耐震性が弱いなどの課題があった。そこで第二次世界大戦直後の1945年に，アメリカのBell研究所では真空管に代わる固体の電子・電気回路素子の開発が開始された。その結果，1947年にショックレー（W. Shocklcy），ブラッテイン（W. Brattain），バーディーン（J. Bardeen）の3人により半導体のゲルマニウム（Ge）基板を用いた点接触型トランジスタが開発された。トランジスタとは整流，スイッチ，増幅などの機能がある半導体素子のことであり，真空管に代わる電気・電位回路素子である。彼らは高純度の Ge 単結晶上に，ごく接近して立てた 2 本の針の片方に電流を流すと，もう片方に大きな電流が流れるという電流増幅現象を見出した。しかし，この点接触型構造は特性の信頼性が悪く，また製造も難しかった。

そこで，ショックレーは，当時，製造が可能となっていた高純度単結晶 Si を利用して，その単結晶 Si にドーピング処理を行い，正電荷の流れやすい p 型 Si と，電子が流れやすい n 型 Si を作り，それらを面接触させた pn 接合の形成を試みた。pn 接合とは，同一の半導体単結晶中に n 型と p 型の領域を接して作った場合の両領域の接した場所をいう。pn 接合は，ダイオード，トランジスタ，集積回路などで重要な働きをする電気・電子回路の基本構造である。ダイオードとは整流作用をもつ半導体素子である。そして 1951 年に**図 2.3** に示すような pnp 接合型トランジスタを完成させた。

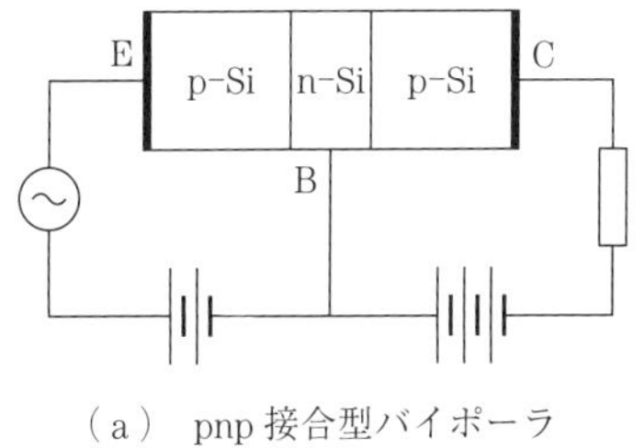

（a） pnp 接合型バイポーラトランジスタ構造

（b） pnp 接合型バイポーラトランジスタ写真

図 2.3　pnp 接合型トランジスタの構造と写真

同一の結晶中に pnp または npn と三つの領域を接して作った素子をバイポーラトランジスタという。バイポーラトランジスタには，ベース（B），エミッタ（E），コレクタ（C）の三つの端子がある。図 2.3 の pnp 型トランジスタでは B が n 型 Si であり，E が p 型 Si である。B-E 間に小さな電圧をかけ，E をプラス（+）に C をマイナス（−）に大きな電圧をかけると，小さな電圧で B-E 間に B から E へ電子が流れ，それが呼び水となり C から E へ大量の電子が流れ，電力の増幅ができ，E から C へ増幅電流が流れる。B-E 間に電圧をかけないと電流は流れない。これがトランジスタの増幅作用とスイッチ機能である。その後トランジスタは，電子産業とともに大きく発展してゆく。

このSiトランジスタの開発が，Si太陽電池の開発の糸口となった。同じくBell研究所のフラー（C. Fuller）が，翌年の1952年にガス拡散法を使用したSiのpn接合素子の作製に成功した。そしてショックレーのトランジスタ開発グループに所属していたピアソン（G. Pearson）は，この技術を用いて作製したSiのpn接合素子に光照射実験を行い，1953年に，この素子に強い光起電力効果があることを発見した。そこで，ピアソンは同じ研究所でSe光電池を研究していたシャピン（D. Chapin）にこのことを告げ，シャピンはSiのpn接合素子の太陽電池としての性能を評価し，Se光電池の5倍の出力があることを見出した。

以後，シャピン，フラー，ピアソンの3人は，Siのpn接合型太陽電池の改良を加えて1953年には4％の変換効率を達成，さらに1954年にはヒ素（As）を添加したn型Si基板にボロン（B）を拡散させ表面に薄いp型Siを形成させた**図2.4**に示すようなpn接合型シリコン太陽電池を完成させた。太陽電池の表面には現在の太陽電池で使用されているフィンガー電極やバスバー電極はなく，電流取り出しの＋電極も－電極も裏面に設置されている。また，p型Si薄膜層の上に反射防止膜を取り付け，太陽光をできるだけ多く取り込む工夫をしている。そして太陽電池の性能は6％に達することをアメリカ応用物理学会誌（J. Appl. Phys.）に発表した。

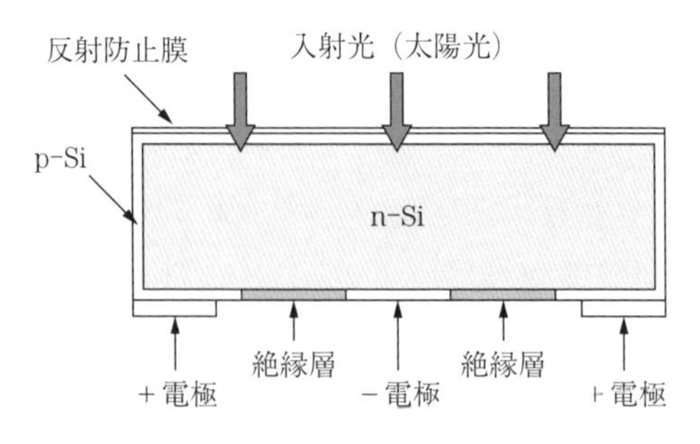

図2.4　アメリカBell研究所のpn接合型シリコン太陽電池の構造

図 2.5 に Bell 研究所において世界で初めて作られた，直径約 8 cm の円形の pn 接合型 Si 太陽電池セルで構成された Si 太陽電池モジュールの写真を示す。このモジュールは，2003 年に大阪で開催された第 3 回太陽光発電世界会議（WCPEC）の際に併設された太陽光発電世界展示会において，アメリカ国立再生可能エネルギー研究所（NREL）の L. Kazmerski 博士の尽力により展示されたものである。そしてこの写真は当時東京農工大学教授の黒川浩助博士（現東京工業大学特任教授）により撮影されたものである[31]。**図 2.6** には発表された当時の Si 太陽電池の 3 人の発明者を示す[32]。Bell 研究所はこのデバイスを Solar Battery と名付けて発表したが，薄いシリコンの板から電気が発生するというニュースは世間に激しい興奮を巻き起こした。そして太陽電池は，早くも

図 2.5 アメリカの Bell 研究所で開発されたシリコン太陽電池モジュールの写真（第 3 回 WCPEC（於：大阪）での展示より。本展示は，NREL の L. Kazmerski 博士による体系的な発掘・蒐集によって実現した。また，本展示には初期の開発品サンプル収集品だけでなく，発明の証拠になる研究ノートの拡大パネルも含まれていた。写真は，黒川浩助・東京農工大学名誉教授が展示品を撮影したもの）

（左からピアソン，シャピン，フラー）

図 2.6 世界で初めて Si 太陽電池を開発した Bell 研究所の科学者たち〔提供：ノキア社，Reused with permission of Nokia Corporation〕

4年後の1958年にはアメリカの人工衛星バンガード1号に電源として搭載された。以後，人工衛星の電源としては太陽電池が搭載されている。

日本でもBell研究所の研究が追試され，翌年の1955年には日本電気（NEC）の林一雄博士らによってpn接合型Si太陽電池が試作され，3年後の1958年にはNECで製造した70W出力の太陽電池モジュールが東北電力信夫山無線中継所に設置された。Si太陽電池は，その後，世界各国で研究開発や技術開発が進められ，現在では変換効率20％以上のSi太陽電池モジュールが販売されている。

2.2.3　その他のpn接合型太陽電池の開発

表2.2に示したように，その後も種々の半導体材料をpn接合した太陽電池の開発が数多く行われた。実用化された技術開発を挙げてみると，1956年に化合物半導体であるガリウムひ素（GaAs）太陽電池の開発，1960年に単結晶化合物半導体カドミウムテルライド（CdTe）を用いたカドテル太陽電池，1969年にカルコゲナイド系CdS/CuInGaSe単結晶のヘテロ接合CIGS太陽電池，1976年にはアモルファス・シリコン（a-Si）太陽電池などがある。

2.3　太陽電池の発電原理

2.3.1　半導体の特性

前述したように主要な太陽電池は半導体材料のpn接合で作られている。そこで，まず半導体の特性について簡単に述べる。半導体とは，金属などの伝導体と酸化物などの絶縁体との中間的な電気伝導性を持つ物質であると定義できる。一般に原子が結合して分子を作るとき，電子が充填されている結合性分子軌道と，電子のない空の反結合性分子軌道が形成される。反結合性分子軌道に電子が入ると結合が壊れやすくなる。多原子で構成されている物質では，結合性分子軌道と反結合性分子軌道の数が多くなり，エネルギー準位が連続して合体した二つのバンド（帯）状の分子軌道集合体を形成する。エネルギー準位が下のほうのバンドは結合性分子軌道からなり価電子帯と呼ばれる。一方，上のほうのバンドは反結合性分子軌道からなり伝導帯と呼ばれる。価電子帯と伝導帯のエネルギー差をエネルギーギャップまたはバンドギャップという。

図 2.7 に金属（伝導体），半導体，絶縁体のバンド構造と電子の充填状態を示す。金属の場合，価電子帯と伝導帯は接しているような状況にありエネルギー差がきわめて小さく，伝導帯の一部に，励起した電子が満たされている状態となる。したがって，電圧をかけると，それらの電子が容易に移動し電気伝導性を示す。伝導帯，半導体から絶縁体になるにつれて，そのバンドギャップは大きくなる。半導体はバンドギャップが小さいため，少数の電子がギャップを飛び越える，すなわち励起するのに十分な熱エネルギーを持っており，伝導帯の一部が電子で占められ，また価電子帯の一部が空となっているので，その結果半導体に電場がかかるとわずかな量の電流が流れる。絶縁体はバンドギャップが大きいため，電子が熱励起してもバンドギャップを飛び越えて伝導帯にたどり着くことはできない。したがって，電場がかかっても電流が流れない。長周期表 14 族元素の Si や Ge（ゲルマニウム）は半導体であるが，同族

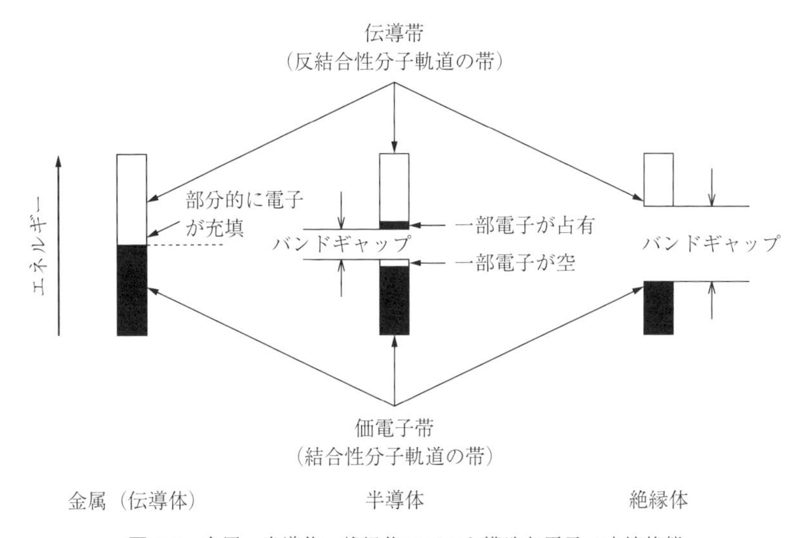

図 2.7　金属，半導体，絶縁体のバンド構造と電子の充填状態

のC（炭素）で構成されるダイヤモンドは絶縁体である。14族ではSiとGeが絶縁体と金属の境界の元素であるので半導体特性を示す。

表2.3に示すように，ダイヤモンドのバンドギャップは520 kJ/molであり，eV単位に変換する5.39 eVである。そのバンドギャップ励起には波長が230 nmより短い紫外線が必要となる。230 nm以下の強いエネルギーの紫外光は地上に到達する太陽光には含まれない。したがって，太陽光ではバンドギャップ励起されない。一方，半導体であるSiのバンドギャップは107 kJ/molすなわち1.11 eVである。波長が1 127 nm以下の赤外光や可視光，紫外光でバンドギャップ励起が起きる。金属である白色SnやPbは伝導体でバンドギャップは0 kJ/molすなわち0 eVである。外部エネルギーを与えなくても電気伝導性である。

表2.3　14族元素で構成される物質のバンドギャップ

物　質	バンドギャップ		物質の電気的特性
	〔kJ/mol〕	〔eV〕	
C（ダイヤモンド）	520	5.39	絶縁体
Si（シリコン）	107	1.11	半導体
Ge（ゲルマニウム）	65	0.67	半導体
Sn（灰色スズ）	8	0.08	半導体
Sn（白色スズ）	0	0.00	伝導体（金属）
Pb（鉛）	0	0.00	伝導体（金属）

2.3.2　半導体のドーピング

わずかな電流が流れるだけでは太陽電池の材料としては不十分である。そこで半導体に，ある種の不純物をごく少量加え，半導体の伝導度を大きく増加させる処理を行う。この処理をドーピングという。**図2.8**にドーピングした半導体のバンド構造と電子の充填状態を示す。例えば，図（a）に示すような14族元素のSiに15族元素のP（リン）を添加する場合を考える。Si原子は4個の価電子を持ち，隣接する四つのSi原子と結合し，Siを中心とする正四面体構造をとっている。Pをドーピングした場合，Siの位置にPが置換する。Pは5

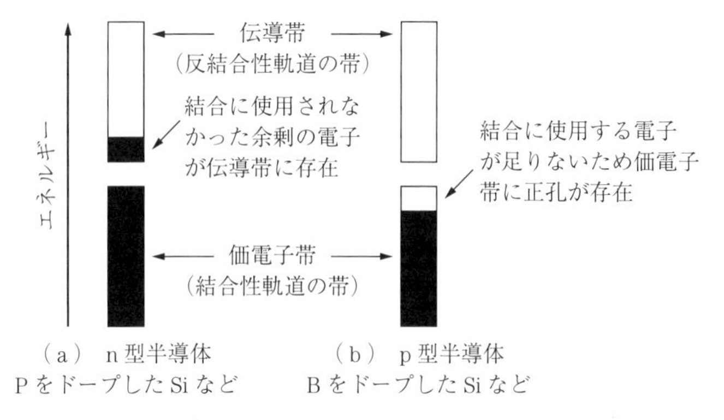

図 2.8 ドーピングした半導体のバンド構造と電子の充填状態

個の価電子を持つため，結合の形成に 4 個の価電子を使用するが，残りの 1 個の価電子が余る。余った電子は伝導帯を占める。ドープする P の数を増やすと，伝導度も増加する。100 万個の Si 原子に 1 個の割合で P 原子をドープすると伝導度は約 10^7 倍増加するといわれている。この場合，電荷のキャリヤは電子なので，P をドープした Si 半導体は n 型半導体と呼ばれる。アメリカ Bell 研究所の初期の太陽電池では，P の代わりに同じく 15 族元素の As がドープされていた。

一方，図（b）に示すような 15 族元素の代わりに B（ホウ素）のような 13 族元素でドーピングを行い，Si を B で置換したらどうなるだろう。B は価電子が 3 個であり，4 個の価電子を持つ Si とは 3 個の結合しか形成できず，4 番目の結合のための電子が 1 個足りない状況となる。すなわち，価電子帯は電子が足りなくて，正孔が存在することになる。この状態で電位をかけると，正孔が動き，電子は逆方向に動く。このように正孔が電荷キャリヤとなる半導体を p 型半導体と呼ぶ。

2.3.3 半導体の励起 ― 直接遷移と間接遷移 ―

半導体に光を照射すると，価電子帯の電子が励起されて伝導帯に電子が遷移する。電子遷移は，半導体材料により直接遷移するものと，間接遷移するものがある。**図 2.9** に直接遷移と間接遷移のメカニズムを示す。図の縦軸はバンド構造のエネルギーの高さを示し，横軸の波数 k はバンドの空間の座標に対応している。直接遷移では，価電子帯の一番高いところ（頂上）も，伝導帯の一番低いところ（底）も同じ波数の Γ 上にある。この間隔が全体で一番狭いバンドギャップを示し，最も小さいエネルギーで遷移が起きる場所である。つまり，遷移前後で電子の空間の座標 Γ の変わらない垂直の遷移が直接遷移である。直接遷移では，バンドギャップに相当する光を吸収すると電子の波数に変化が起きず，直接伝導帯に遷移できるのでエネルギーのロスのない効率的な励起が起きることになる。直接遷移型半導体としては GaAs のほかに CdS, CdTe, InP, GaSb などがある。

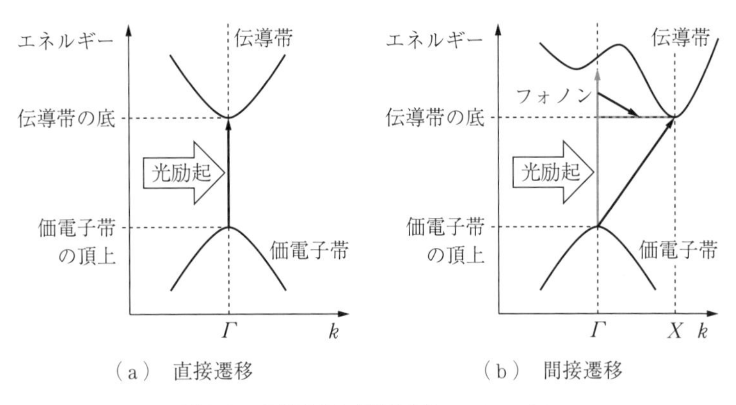

図 2.9　直接遷移と間接遷移のメカニズム

一方，間接遷移では価電子帯の一番高いところ（頂上）は Γ の位置であり，伝導帯の一番低いところ（底）は波数の異なる X である。すなわち，価電子帯の頂上と伝導帯の底が違う波数位置にあるため，励起された電子はフォノンの助けを借りて伝導帯の底に遷移する。フォノンは結晶格子の熱振動により生成するエネルギーである。間接遷移による光吸収の確率は，価電子の存在確率とフォノンとの遭遇確率が必要となるので，直接遷移に比べると低くなる。間接遷移型半導体としては Si のほかに Ge, GaP などがある。したがって，太陽電池の半導体材料としては直接遷移型半導体のほうがエネルギーのロスがなく有利となる。

2.3.4 光伝導効果と光起電力効果

図 2.10 に半導体の光伝導効果と光起電力効果のメカニズムを示す。半導体が光を吸収すると，価電子帯の電子がそのエネルギーを吸収し，励起して伝導帯に遷移した結果，伝導帯に電子，価電子帯に正孔を生成する。この電子や正孔は自由キャリヤとして振る舞うため，それだけ半導体の電気伝導率が増加する。この現象は前述した光伝導効果と呼ばれる。しかし，半導体中に電界（電位，電圧）がないと電流としては取り出せない。

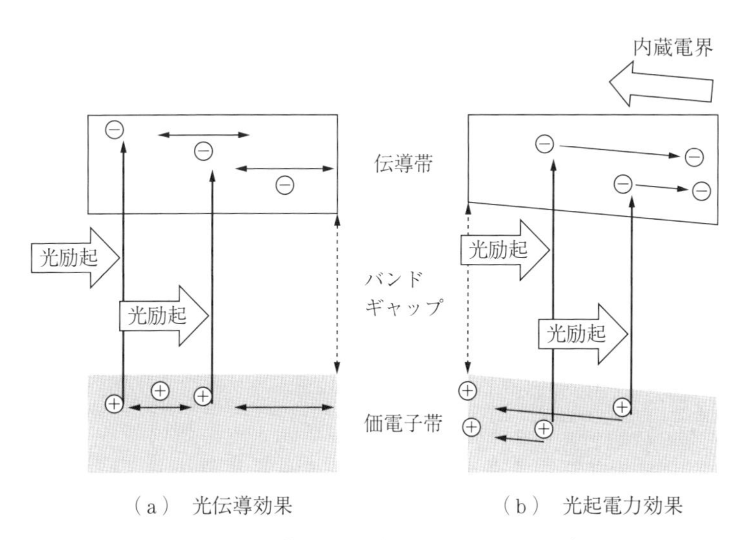

図 2.10 光伝導効果と光起電力効果のメカニズム

一方，半導体の pn 接合界面や半導体粒子どうしの界面，さらには半導体と金属などの物質の界面には，物質の電子親和度やフェルミ準位の違いによって界面付近に強い電界が生じる。そこで，半導体界面に光照射するとバンドギャップ励起により生じた電子と正孔は，電界によりたがいに反対方向に移動し電荷の分極を起こし，光照射による起電力すなわち光起電力が生じる。図 2.10（b）の光起電力効果では，右方向に負（－）の電場がかかっている。光照射により価電子帯の電子がバンドギャップ励起により伝導帯に遷移して，価電子帯に正孔，伝導帯に電子が生成する。電子は伝導帯の坂を転げ落ちるように右方向に移動し，正孔は価電子帯の坂を駆け上がり左方向に移動する。これにより分極が起き，光起電力が生じることになる。

2.3.5　太陽電池の作動原理

pn 接合型太陽電池の作動原理を**図 2.11** に示す。p 型半導体と n 型半導体を接触させると，図（a）に示すように pn 接合部付近では，n 型半導体中の電子と p 型半導体中の電子がたがいに引きあって拡散電流が流れる。すると，拡散した電子と正孔が打ち消しあって pn 接合部付近に，図（b）に示すように，これらのキャリヤ（電子や正孔）が少ない領域（空乏層）が形成される。そして電子と正孔を，それぞれ n 型，p 型領域へ引き戻そうとする内蔵電場が生まれる。さらに，内蔵電場に従ってキャリヤが動くドリフト電流が生まれる。内蔵電場とは半導体内部に発生する電界であり，ドリフト電流とは電場がかかった状態で流れる電流をいう。一方，電場がかからない状態で流れる電流を拡散電流という。

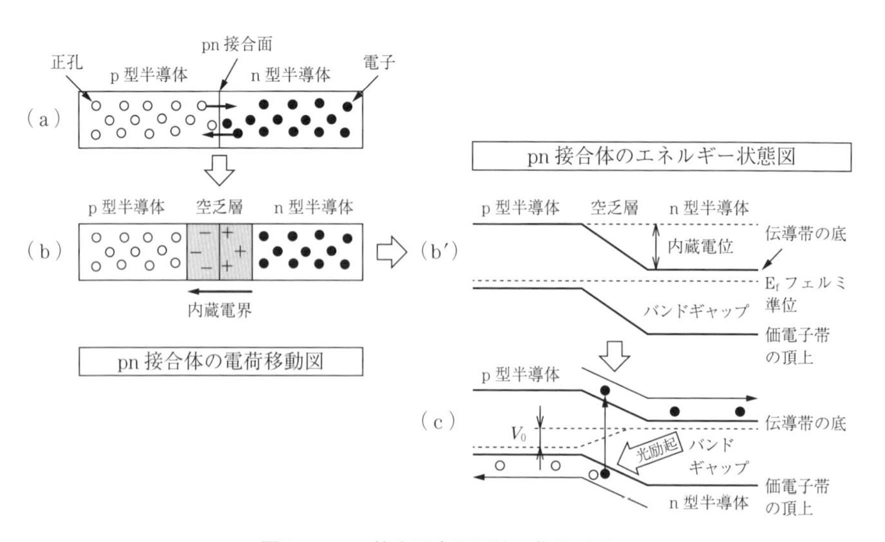

図 2.11　pn 接合型太陽電池の作動原理

熱平衡の状態で拡散電流とドリフト電流が釣り合うと図（b′）のエネルギー状態が示すようにp型半導体とn型半導体のフェルミ準位が一定のフェルミ準位 E_f に収束する。フェルミ準位とは電子の存在確率が50％のエネルギー準位を表す。例えば，金属の場合は価電子帯の上部にフェルミ準位が存在し，半導体や絶縁体の場合はバンドギャップの中に存在する。n型半導体の場合，フェルミ準位は伝導帯のすぐ下のバンドギャップの中に存在し，p型半導体の場合は，価電子帯のすぐ上のバンドギャップの中に存在する。そしてP型半導体とn型半導体の伝導帯の底の差が内蔵電位となる。

このpn接合半導体の接合部にバンドギャプエネルギーより大きなエネルギーを持つ光を照射すると，価電子帯の電子が励起され伝導帯に遷移する。伝導帯に生成した電子と価電子帯に残る正孔は，図2.11（c）に示すように，空乏層に形成されている内蔵電場により電子はn型半導体方向へ移動し，正孔はp型半導体の方向に移動する。したがって，電子の存在するn型半導体部の伝導帯底部の電位と，正孔が存在するp型半導体部の価電子帯頂部の電位に差が生じ，これが V_0 であり太陽電池の光起電力となる。最後に，n型半導体部およびp型半導体部に電極を取り付け，両電極を結線により接続させると電位差により直流電流である短絡電流（J_{sc}）を取り出すことができる。これが太陽電池の作動原理である。

2.3.6　太陽電池の構造

太陽電池はpn接合デバイスであることを説明してきたが，具体的な太陽電池の構造を見てみよう。**図2.12**に単結晶Si太陽電池の構造を示す。太陽電池の表面には上部くし形電極が取り付けられている。上部くし形電極は銀などの金属で作製されたフィンガー電極とバスバー電極で構成されている。上部電極の下には太陽光をより多く取り入れるための反射防止膜が取り付けられている。その材料として SiN や SiO_2，TiO_2 などが用いられることが多い。反射防止膜の下には，入射太陽光がpn界面までに届くような薄いn型Si層（1～3 μm），p型Si（～400 μm）がある。そして下部電極，基板と続く構成になっ

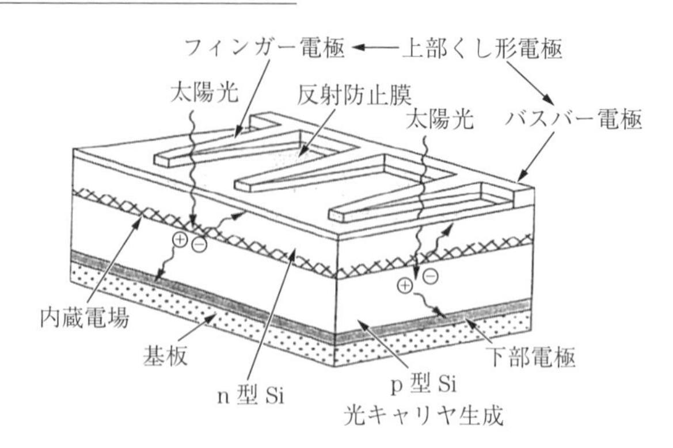

図 2.12　単結晶 Si 太陽電池の構造

ている。下部電極材料としては Al などが用いられる。pn 接合界面まで届いた太陽光により生成した電子と正孔は，界面の内蔵電場によって，電子は上部くし形電極に，正孔は下部電極に集められ，両極の間には内蔵電場に見合った光起電力が生成し，電流が外部に取り出せる。

図 2.13 に台湾の太陽電池製造企業の Gintech Energy Corporation の単結晶 Si 太陽電池セル（G156S4）の写真を示す。15.6 cm（約 6 インチ）角の単結晶 Si を約 200 μm の厚さにスライスして作製したものである。セルの表面の全面に横軸方向のフィンガー電極が取り付けられ，セルの抵抗を少なくして多くの電流を集める工夫がされている。電極面積を少なくするとセルの太陽光の受光

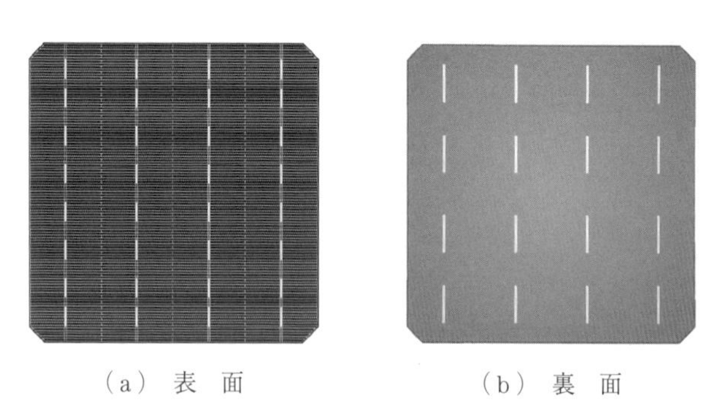

（a）表　面　　　（b）裏　面

図 2.13　単結晶 Si 太陽電池セルの写真（4 本の分割されたバスバー電極を持つ Gintech の単結晶 Si 太陽電池セル G156S4）
〔提供：Image by Gintech Energy Ciorporation all rights reserved〕

割合は増えるが，セルの抵抗が大きくなり多くの電流を取り出せない。さらに，バスバー電極を取り付ける理由は，フィンガー電極で集めた電流を，より効率よく取り出すためである。このセルでは分割された幅 1 mm のバスバー電極が 4 本縦軸方向に配置されている。バスバー電極を分割したのは太陽光の受光を多くするためである。セルの裏面にも 4 本のバスバー電極が取り付けられている。この単結晶 Si 太陽電池で変換効率 21 %が報告されている[33]。

最近では，太陽光を最大限に受光するために，上部電極をすべて取り除き，裏面に二つの電極を集めたバックコンタクト（BC）型のセルも作製されている。セル全体がすっきりして見た目も黒く美しいが製造コストが従来型セルより高くつく。

2.3.7 ホモ接合とヘテロ接合

Si 単結晶太陽電池では単結晶 Si にドーピング処理をして pn 接合を作る。太陽電池の材料は，ドーピング材料以外は単結晶 Si だけである。このように同じ半導体材料で pn 接合を形成した場合，これをホモ接合という。

しかし，同じ半導体材料で pn 接合を作れない半導体もある。現在，市場に出ている太陽電池では Si 系の太陽電池のほかに CdTe（カドテル）太陽電池，そして CIS（シーアイエス）系太陽電池などがある。CdTe や CIS 系半導体材料は p 型半導体特性のみがあり，これに n 型特性を付与することは難しい。そこで n 型半導体として CdS（硫化カドミウム）や ZnO（酸化亜鉛）などのほかの材料を用いて pn 接合を形成する。このように p 型，n 型のそれぞれに異なる半導体材料を用いて作る pn 接合をヘテロ接合という。Si 系太陽電池でも後述する HIT 型太陽電池は，より高性能化のため n 型単結晶 Si の表面に p 型アモルファス Si を接合させたヘテロ接合で作製されている。結晶とアモルファスでは材料が異なるのでヘテロ接合である。ヘテロ接合型太陽電池については 3 章で紹介する。

2.3.8 太陽電池の効率

太陽電池の性能は，太陽電池のエネルギー変換効率（η）で表される。すなわち，太陽電池に入射した太陽エネルギーに対して，取り出せる電力エネルギーの割合を示したものがエネルギー変換効率であり，式 (2.1) で表される。

$$\eta = \frac{\text{太陽電池から取り出せる最大の電力}\ (P_{\max})}{\text{太陽電池に入った太陽エネルギー}} \times 100\ \% \qquad (2.1)$$

ただし，同じ太陽電池でも，場所や天候などの測定条件によりエネルギー変換効率が変化するので，特定の条件下で測定することを世界的に取り決めている。国際電気標準会議・太陽光発電システム（IEC TC-82）では，地上用太陽電池については，AM1.5 で，100 mW/cm^2 の太陽エネルギーを式 (2.1) の分母，すなわち太陽電池に入ったエネルギーとして使うことにしている。そして太陽電池の測定温度は 25 ℃と決められている。

それでは，太陽電池の性能はどのようにして測定するのだろうか。**図 2.14** に太陽電池の性能を評価する方法を示す。まず，太陽光と同じスペクトル分布（AM1.5）と出力（1 kW/m^2 = 100 mW/cm^2）を持つ疑似太陽光を太陽電池に照射できるソーラーシミュレータを用意する。つぎに，電圧と電流の印加と測定ができるソースメータを太陽電池の電極に接続する。そして，太陽電池をソーラーシミュレータの照射部にセットして，AM1.5，100 mW/cm^2 の疑似太陽光を照射する。ソースメータは電流計，電圧計，可変抵抗から構成されており，疑似太陽光照射下で可変抵抗を調節して，そのときに可変抵抗に流れる電

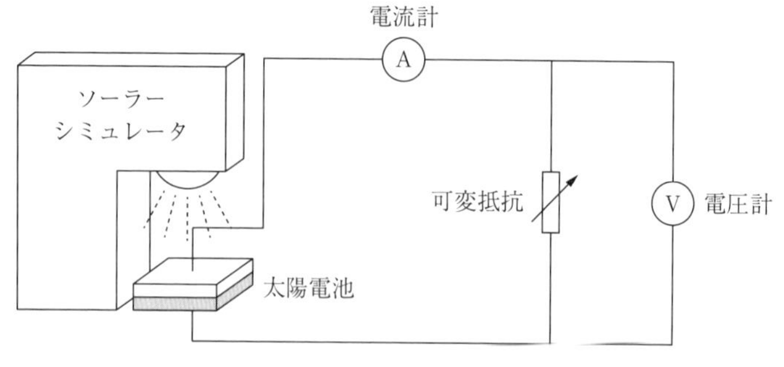

図 2.14　太陽電池の性能測定法

流と，電圧を電流計 Ⓐ と電圧計 Ⓥ を用いて測定する。

このようにして測定した電流-電圧特性曲線（J-V 曲線）を**図 2.15** に示す。左の縦軸が流れた電流 J を，横軸が観測した電圧 V を示す。J_{sc} と V_{oc} を結ぶ曲線が電流電圧特性曲線である。J_{sc} とは短絡電流（short circuit 電流）を指し，可変抵抗が 0 Ω のときの電流を表す。また，その値は太陽電池セルの単位面積当りの電流（mA/cm^2）で示す。V_{oc} とは解放電圧（open circuit 電圧）を指し，抵抗が無限大のとき，結線が接続されていない状態の電圧を示す。また右の縦軸は出力（電力）P を示す。したがって，点 0 から点 V_{oc} を結ぶ曲線が出力曲線となる。出力が最高の点は P_{max} で表され，P_{max} と $J_{P_{max}}$，$V_{P_{max}}$ の関係は式 (2.2) で示される。

$$P_{max} = J_{P_{max}} \times V_{P_{max}} \tag{2.2}$$

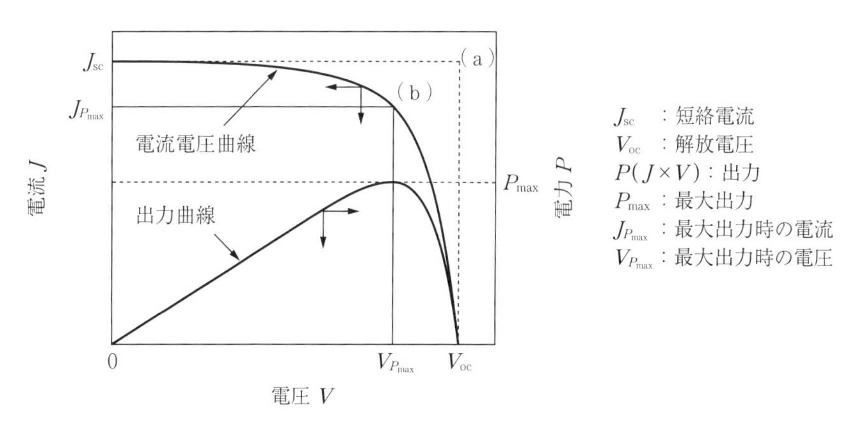

図 2.15 太陽電池の電流（J）-電圧（V）特性曲線

また，J_{sc} と V_{oc} の積 $J_{sc} \cdot V_{oc}$ と，$J_{P_{max}}$ と $V_{P_{max}}$ の積 P_{max} の間に式 (2.3) が成り立つ。

$$FF = \frac{J_{P_{max}} \cdot V_{P_{max}}}{J_{sc} \cdot V_{oc}} = \frac{P_{max}}{J_{sc} \cdot V_{oc}} \tag{2.3}$$

FF は曲線因子（fill factor）と呼ばれ，太陽電池の性能を表す重要な指標である。$FF=1$ のとき，すなわち図 2.15 では点 b が点 a に重なるとき，理論的な最高出力となる。実際の太陽電池には，いろいろな電気抵抗成分が存在す

るので $FF=1$ になることはなく $FF=0.7\sim0.8$ 程度である。太陽電池の性能向上のポイントの一つは FF を 1 に近付けることである。式 (2.3) を式 (2.1) に代入すると，太陽電池の効率 η は式 (2.4) で表される。

$$\eta=\frac{P_{\text{max}}}{100\ [\text{mW/cm}^2]}\times 100=\frac{V_{\text{oc}}\ [\text{V}]\times J_{\text{sc}}\ [\text{mA/cm}^2]\times FF}{100\ [\text{mW/cm}^2]}\times 100\ [\%] \tag{2.4}$$

2.3.9　太陽電池の解放電圧（V_{oc}）の大きさに影響する因子

太陽電池の性能は V_{oc}，J_{sc}，FF の積で表されることがわかったが，どのような因子が解放電圧 V_{oc} の大きさに影響するのだろうか。図 2.11 (c) で見たように，V_{o} は太陽電池の照射下条件での作動状態での電圧，光起電力を表す。太陽電池に負荷をかけて電流がまったく流れないようにした状態では，V_{o} は太陽電池の最高電圧である V_{oc} となる。V_{oc} は光が照射されないときの n 型半導体の伝導帯のわずか下にあるフェルミ準位と p 型半導体の価電子帯のわずか上にありフェルミ準位の差で表されるので，V_{oc} は半導体のバンドギャップ E_g に近い値となる。

したがって，太陽電池の電圧を支配するのは，その半導体材料の E_g ということになる。単結晶 Si の E_g は 1.1 eV であるが，最高性能の単結晶 Si 太陽電池の V_{oc} でも 0.7 V 程度で，E_g より小さい値になる。V_{oc} が E_g と同じ値になると，内蔵電場がなくなり電流は流れなくなる。そのため V_{oc} はバンドギャップより小さくなる。**図 2.16** に V_{oc} と E_g の相対関係を示す。

では，太陽電池を構成する半導体材料の E_g を変えると V_{oc} はどうなるだろうか。**図 2.17** に示すように半導体材料のバンドギャップを大きくすると，太陽電池の V_{oc} は大きくなる傾向がある。例えば，GaAs 化合物半導体の E_g は 1.42 eV であり単結晶 Si の E_g の 1.1 eV より 0.32 eV 大きい。そして単結晶 GaAs 太陽電池の V_{oc} は 1.12 V であり，単結晶 Si 太陽電池の V_{oc} の 0.7 V より 0.42 V 大きくなる。

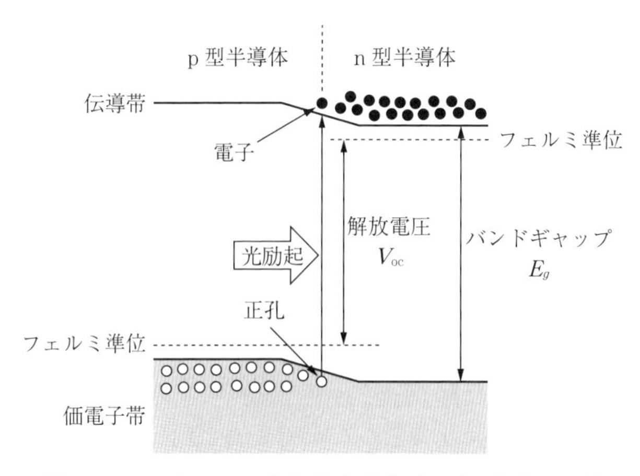

図 2.16 バンドギャップ（E_g）と解放電圧（V_{oc}）との関係

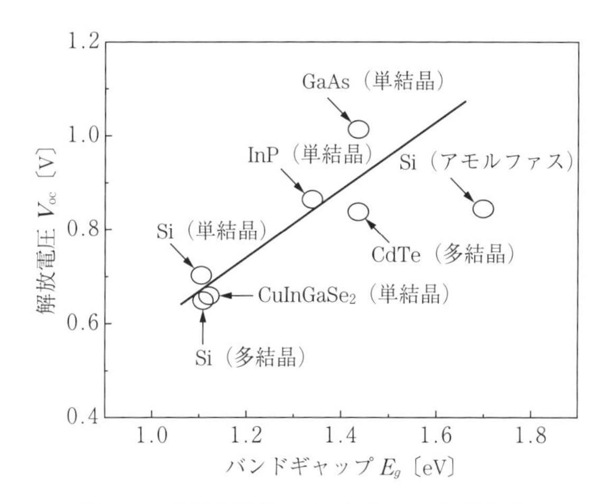

図 2.17 半導体材料のバンドギャップ（E_g）と太陽電池の解放電圧（V_{oc}）との関係

2.3.10 太陽電池の短絡電流（J_{sc}）の大きさに影響する因子

つぎに，短絡電流 J_{sc} の大きさに影響する因子を考えよう。太陽電池では吸収された太陽光（フォトン）が電子（エレクトロン）に変換されるのだから，太陽光の吸収量が多いほど光電流が多くなると考えられる。半導体材料の光吸収端は，そのバンドギャップ E_g により決まる。E_g と光吸収端の波長（λ）と

の関係は式 (2.5) で示され，太陽放射照度と波長積算の関係から太陽光の吸収割合を知ることができる[34]。

$$\lambda = 1\,240 / E_g \qquad (2.5)$$

例えば，E_g が 1.1 eV の単結晶 Si は，太陽光のうち波長 1 127 nm より短波長の光を吸収することができ太陽光の約 75 % を吸収することができる。一方，GaAs 化合物半導体の E_g は 1.42 eV であるので，吸収できる太陽光は 873 nm よりも短波長の光になり，太陽光の約 62 % を吸収することになる。したがって，単結晶 Si 太陽電池のほうが，より多くの太陽光を吸収できることになる。

また，同じ波長の太陽光を照射した場合でも，波長当りの太陽光を吸収できる割合，すなわち吸光係数は，太陽電池の材料により異なる。**図 2.18** には，太陽電池材料となる各種半導体の波長別の吸光係数 α を示す[35]。例えば，波長 729 nm（1.7 eV に相当）の太陽光では，結晶 Si（c-Si）よりも GaAs が，約 1 桁吸光係数が高いことがわかる。したがって，電荷キャリヤの収集効率や光吸収層の厚みに加えて，半導体の光吸収端と吸光係数が太陽電池の短絡電流 J_{sc} に影響することになる。**図 2.19** に半導体の E_g と，それを用いた太陽電池の J_{sc} の関係を示す。E_g が小さいほど J_{sc} は大きくなり，J_{sc} の大きさを支配する

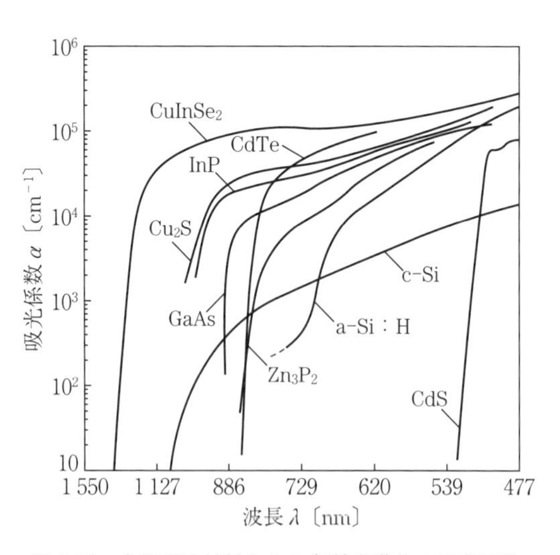

図 2.18　太陽電池材料となる各種半導体の吸光係数

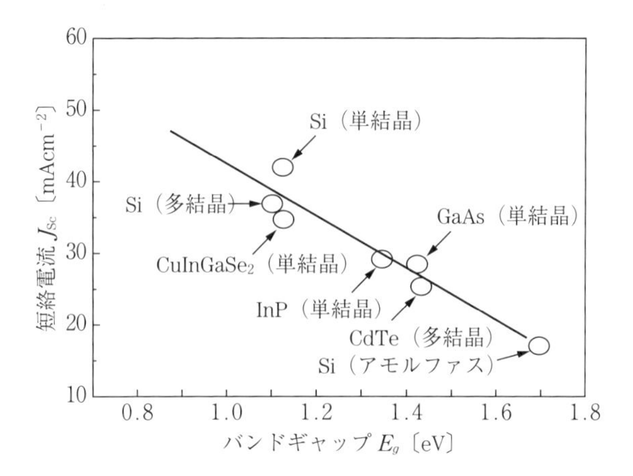

図 2.19 太陽電池材料半導体のバンドギャップとその太陽電池の短絡電流（J_{sc}）との関係

因子は E_g であることがわかる。

2.3.11 太陽電池の曲線因子（*FF*）の大きさに影響する因子

最後に，曲線因子（*FF*）の大きさに影響する因子を考えよう。太陽電池は，半導体材料や電極・結線材料からなる実用の電子機器であり，その材料や構成される電気回路には，電気抵抗やエネルギー損失が発生する。すなわち，直列抵抗や漏れ電流が存在するため，エネルギー損失のない理想的な太陽電池に比べ，*FF* が 1 より小さくなる。抵抗などが全くない理想的な状態では，J-V 曲線は図 2.15 に示す J_{sc} と点（a）と V_{oc} を繋ぐ破線のかぎ形になると考えられるが，実際の太陽電池では，必ずエネルギー損失があり J_{sc} と点（b）と V_{oc} を結ぶ曲線となる。**図 2.20** に太陽電池の等価回路を示す。等価回路とは電気回路を抵抗，コイル，コンデンサ，ダイオードなどの受動素子と電圧源，電流源などの組合せによって表現したものである。太陽電池はダイオードが並列につながった短絡電流 J_{sc} を持つ電流源と見なすことができる。図中 V_d はダイオードにかかる電圧，J_d はダイオードを流れる電流，J_{sh} は漏れ電流，R_{sh}（漏れ抵抗またはシャント抵抗）は漏れ電流に対する並列抵抗，R_s は直列抵抗，J は取

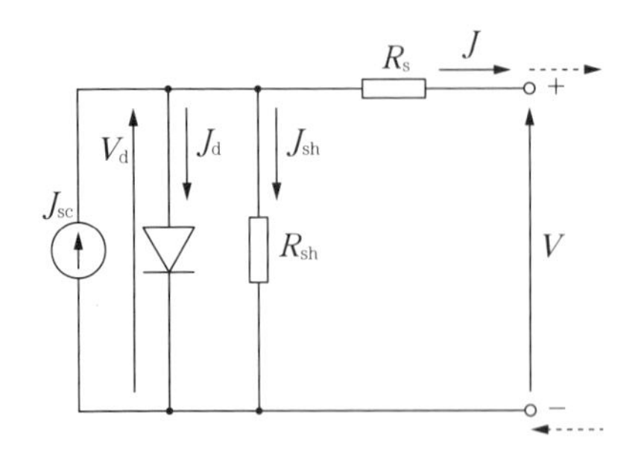

図 2.20　太陽電池の等価回路

出し電流，Vは取出し電圧である。ここで取出し電流Jは式 (2.6) で表される。

$$J = J_{sc} - J_d - J_{sh} = J_{sc} - J_d - V_d / R_{sh} \tag{2.6}$$

すなわち，J_d と J_{sh} を小さくすればJを大きくすることができる。J_{sh} を小さくするには抵抗 R_{sh} を大きくすればよいことになる。J_d も J_{sh} もゼロとなればJはJ_{sc} に等しくなる。一方，取出し電圧 Vは式 (2.7) で表される。

$$V = V_d - R_s J \tag{2.7}$$

VはR_s が小さくなると大きくなり，また結線が解放状態になった場合，Vは V_{oc} となる。このようにFFを向上させるためには，R_s を小さくして，R_{sh} すなわち並列抵抗をなるべく大きくすればよいことになる。直列抵抗の増加の原因としては，半導体そのものの抵抗，半導体と電極との接触抵抗，電極の抵抗などが挙げられる。一方，並列抵抗の減少の原因としては，発電層での漏れ電流の増加，すなわち pn 接合界面での絶縁性の低下や，正極と負極間の絶縁性の低下などが挙げられる。

2.3.12　太陽電池の最大変換効率（理論限界変換効率）はどれくらい？

太陽電池の変換効率ηは，短絡電流J_{sc}，解放電圧 V_{oc}，曲線因子FFで表されることを見てきた。また，太陽電池に用いる半導体のバンドギャップE_gが小さいほどJ_{sc} が多く得られること，逆に V_{oc} は E_g に比例して大きくなること，FFは太陽電池材料の電気抵抗成分などに依存することを学んできた。これらの結果から推定できることは，太陽電池のηはE_gが大きくもなく小さくもない中程度の値を示す材料で最高の変換効率を示すだろうということである。理論計算を基に作成された各種太陽電池の理論限界変換効率曲線と太陽電池材料のE_gの関係を**図 2.21** に示す[36]。また，各種太陽電池の実測の最大変換効率（実測値）も図中に●印で記載してある。この理論限界変換効率曲線は提唱者の名前をとってショックレー-クワイサー限界（Shockely-Queisser limit）という。これによると，AM1.5，100 mW/cm^2 の太陽光照射下，単接合太陽電池でE_gが 1.37 eV のときに理論最大変換効率 33.7 %が得られるという。理論変換効率が 34 %程度に留まっている最も大きな理由は，太陽電池が太陽光をすべて吸収できないことにある。したがって，太陽光の吸収領域の異なる太陽電池材料を幅広く組み合わせた積層型の太陽電池（タンデムセル）では理論限界変換効率はもっと大きくなる。例えば，E_g = 1.78 eV/1.18 eV/0.94 eV の 3 接合型化合物半導体太陽電池で理論限界変換効率が 47 %[37]，Si 量子ドット 3 接合タンデムセルでは 51 %の変換効率が可能と報告されている[38]。

結晶 Si 太陽電池の理論限界変換効率は図 2.21 からわかるように 32 %程度であるが，最高変換効率が報告されているのは，オーストラリアのニューサウ

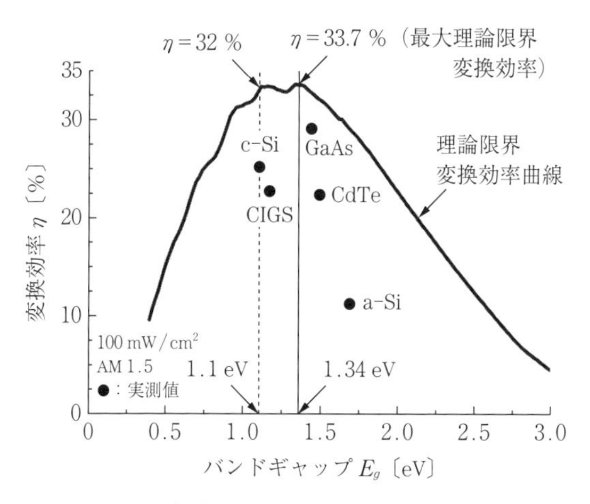

図 2.21 各種太陽電池の理論限界変換効率と報告されている最高性能値

スウェールズ大学（UNSW）のPERLセル（3.2.1項参照）で24.7％，シャープのIBCセルの25.1％である。詳細については後述する。またE_gが最適に近い1.43 eVを持つGaAS太陽電池では薄膜GaAs太陽電池で変換効率28.8％がアメリカのAlta Device社から報告されている[39]。単接合太陽電池としては現在，最高性能値と考えられる。太陽電池の性能を理論限界変換効率に近付けるため，さまざまな工夫や努力がなされている。

2.3.13 太陽電池の性能向上のための要素

太陽電池の性能を向上させ理論限界変換効率に近付くためには，どのような要素について改善しなければならないだろうか。**図2.22**は，Si太陽電池の入射光エネルギーの損失過程を示している[40]。例えば，単結晶Si太陽電池の場合，E_gは1.12 eV，波長で表すと約1 100 nmであるので，前述したように太陽光エネルギーの約76％が吸収され，残りの24％は透過してしまう。これは避けられない損失で光学的透過損失という。また，太陽電池に入射したエネルギーの中で，約30％は量子損失として失われる。すなわち，入射した太陽光の中で，E_g以上の高いエネルギーを持つ光子は，その持つエネルギーのうちE_g相当のエネルギーしか利用されないので，それ以上のエネルギーは無駄と

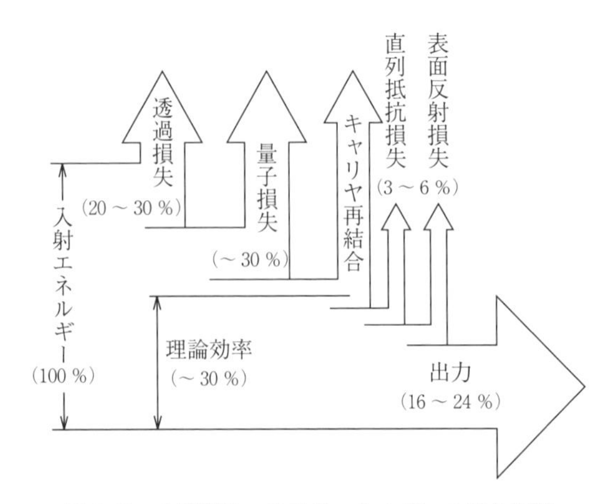

図2.22　太陽電池の入射光エネルギーの損失過程
〔出典：松谷壽信：シャープ技報, **70**, 2, pp.37-39(1988)〕

なり熱として放出される。これを量子損失といい，避けることのできない損失の一つである。

最後の避けられない損失としてキャリヤ再結合損失が 11 %程度存在する。この中には，電荷分離した電子と正孔が再結合を起こしてしまう損失と，電圧因子損失が含まれる。電圧因子損失とは電圧として利用できない部分で，図 2.16 の E_g と V_{oc} の関係に示すように，n 型半導体と p 型半導体のフェルミ準位の差で表される V_{oc} と E_g の差を示す。これは，フェルミ準位がバンドギャップの中に存在するからである。これらの避けられない損失を入射エネルギーから差し引いた分が，単結晶 Si 太陽電池の理論限界変換効率で約 30 %となる。太陽電池の膜厚によっても理論限界変換効率は変化する[41)]。

理論限界変換効率からさらに変換効率が低下する材料的・現実的損失としては，表面反射損失，技術的に低減可能なキャリヤ再結合損失，直列抵抗損失などが挙げられる。表面反射損失とは，太陽電池の表面で太陽光が反射して損失するエネルギーで 3 ～ 6 %程度存在する。そのうち 2 %程度が，太陽電池の表面に反射防止膜（AR 膜）を取り付けることにより回収されるという。また，太陽電池に入射した太陽光が裏面からの反射により太陽電池の外に放出されることを抑制するために**図 2.23** に示すようなランダムな凸型構造や逆ピラミッド型の微小な凸凹構造（テクスチャ）太陽電池の表面につける[42)]。

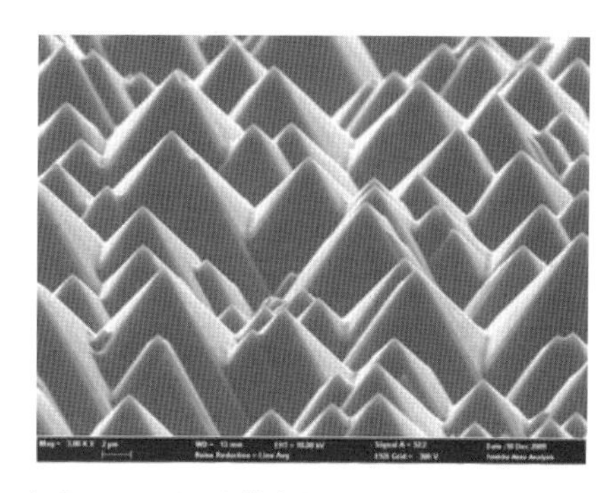

（a） ランダムな微小凸凹テクスチャ構造
〔写真提供：東芝ナノアナリシス株式会社〕

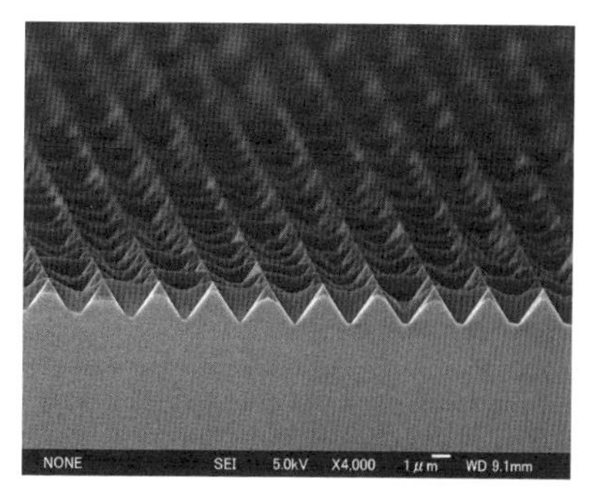

（b） 逆ピラミッド型テクスチャー構造
〔写真提供：株式会社トクヤマ〕

図 2.23 反射防止や光閉じ込めに有効な Si 基板表面のテクスチャ構造[42)]

さらに太陽電池の裏面にBSR（back surface reflection）テクスチャと呼ばれる構造を作り，裏面で反射した太陽光を散乱させ，太陽電池内に閉じ込める処理を行うこともある。BSRでは太陽電池の裏面に銀（Ag）粒子からなる薄膜をつけて，Ag粒子の乱反射により裏面側から光エネルギーを太陽電池に閉じ込める方法である。これらもAR膜とともに反射損失を防ぐ方法となる。加えて，太陽電池の表面のフィンガー電極やバスバー電極などの表面電極を取り除き，正極，負極とも裏面に取り付けるバックコンタクト（BC）構造も，太陽電池への入射太陽光を増やし，太陽電池の性能を向上させる方法である。

太陽電池デバイス中の損失として大きいのは半導体材料中の電子と正電荷を示すキャリヤの再結合損失である。キャリヤ再結合損失には半導体表面での再結合（表面再結合）と半導体内部の再結合（バルク再結合）がある。このキャリヤ再結合の防止には，欠陥をなくすなど半導体膜の改善，半導体接合界面の改善が挙げられる。

直列抵抗損失とは，太陽電池内に電流が流れる際に電極や半導体およびそれらの接合部の電気抵抗により損失するエネルギーを指す。電極材料や電極構造の最適化により低減が可能である。これらの損失の低減により単結晶Si太陽電池セルの変換効率としては25％程度が達成されている。

2.3.14　多接合型太陽電池

いままで見てきたように，一つのpn接合（単接合）からなる太陽電池では理論限界変換効率は，たかだか30％程度に限られている。それゆえ，太陽光スペクトルの各領域によく対応した半導体材料でpn接合を作り，それをいくつか組み合わせた，より高性能な多接合太陽電池が作製されている。タンデム型太陽電池，積層型太陽電池，スタック型太陽電池とも呼ばれる。例えば，4接合太陽電池では50％以上の理論変換効率が得られる[43]。**図2.24**に3接合太陽電池の例を示す[44]。トップセルにInGaP（バンドギャップE_g＝1.88 eV）を用いると660 nmまでに太陽光を吸収し，約1.5 eVの電圧が得られる。ついでミドルセルにInGaAs（E_g＝1.40 eV）を用いると660～886 nmまでの太陽光

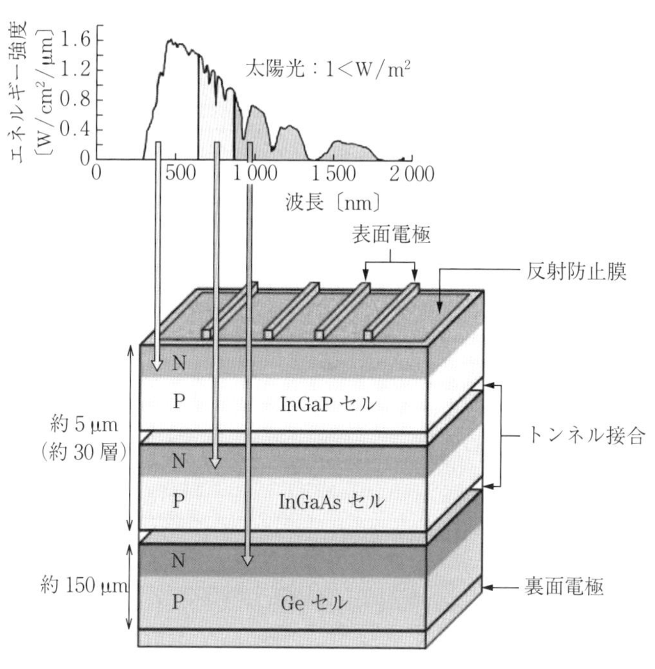

図 2.24　3 接合太陽電池の概念図[44]
〔出典：太陽エネルギー学会編：『新太陽エネルギー利用ハンドブック』（2013）〕

を吸収し，約 0.7 V の電圧が得られる。最後にボトムセルに Ge（E_g=0.67 eV）を用いると 1 850 nm までの太陽光を利用でき，約 0.3 V の電圧が取れる。その結果，太陽電池は直列接続セルとなるので約 2.5 V の高い V_{oc} が得られることになる。各セルの電流は膜厚を制御するなどしてなるべく合わせる必要がある。これにより，変換効率 31.7 %が報告されている[45]。製造コストは高価となるが，より高い変換効率が求められる宇宙用の太陽電池として使用されている。

3 実用化されている太陽電池

3.1　太陽電池の種類とその生産量

本章では，製造・販売され，実際使用されている太陽電池について紹介する。まず，**図 3.1** には研究開発段階の有機系太陽電池を含めた太陽電池の分類を示す。大きく分けてシリコン（Si）系太陽電池，化合物系太陽電池，有機系太陽電池に分類できる。Si 系太陽電池には単結晶，多結晶があり，多結晶には微結晶も含まれる。一方，非結晶系のアモルファス太陽電池もある。また，

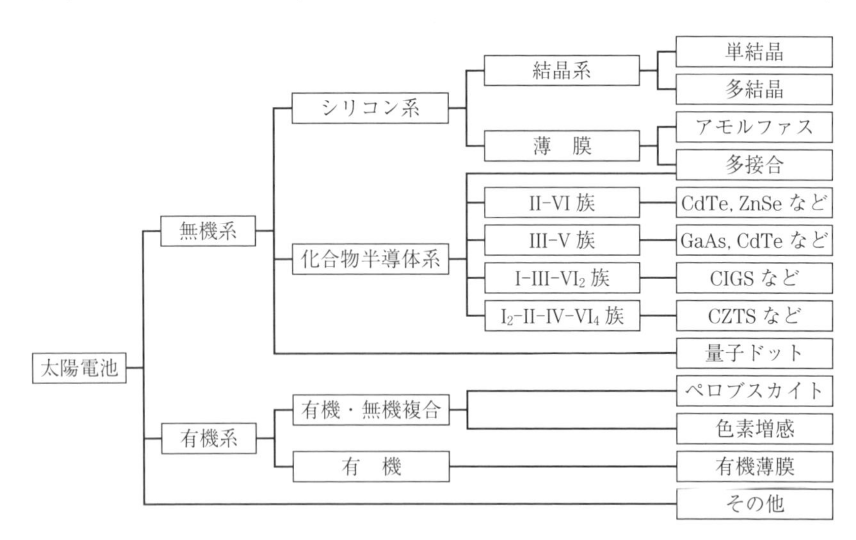

図 3.1　太陽電池の分類

HIT 太陽電池のような単結晶とアモルファスの Si を使用したヘテロ接合太陽電池もある。微結晶，アモルファス Si 太陽電池は結晶 Si 太陽電池に比べ，薄膜なので薄膜太陽電池という分類の仕方もある。化合物半導体系太陽電池では，GaAs（略称：ガリヒソ）太陽電池で代表される III–V 族系，CdTe（略称：カドテル）太陽電池で代表される II–VI 族系太陽電池，II–VI 族系の変形である I-III-VI_2 族系太陽電池の CIGS（略称：シーアイジーエス）太陽電池などがある。有機系太陽電池では有機薄膜太陽電池，色素増感太陽電池，ペロブスカイト太陽電池がある。その他としては，量子ドット（quantum dot）太陽電池やカーボン系太陽電池など新しい概念の太陽電池もある。

表 3.1 には 2016 年度の世界の商業用太陽電池の種類別生産量を示す[46]。総計で 82.6 GW（10^9 W）の太陽電池が生産された。そのうち Si 系太陽電池は 94.1 %を占める。製造されている実用太陽電池の大部分は Si 系太陽電池であることがわかる。結晶 Si 太陽電池では，単結晶が 24.5 %，多結晶が 69.6 %を占めている。モジュール性能は単結晶の最高品で 21 %の変換効率を達成している。一方，アモルファス Si，微結晶 Si 太陽電池が含まれる薄膜 Si 太陽電池はわずか 0.6 %を占めるに過ぎない。ついで II–VI 族系太陽電池の CdTe 太陽電池の生産量は 3.1 GW で太陽電池生産量の 3.8 %を占める。モジュールの変換効率は 16 %である。CdTe 太陽電池の生産・販売はアメリカの First Solar 社が，ほぼ独占している。最後に，I-III-VI_2 族系太陽電池の CIGS 太陽電池は

表 3.1 2016 年度の世界の商業用太陽電池の種類別生産量

太陽電池の種類	2016 年生産量 GW（シェア：%）	モジュール変換効率〔%〕
結晶 Si 太陽電池	77.7 GW（94.1）	17 ～ 21
単結晶	20.2 GW（24.5）	
多結晶	57.5 GW（69.6）	
薄膜太陽電池	4.9 GW（5.9）	
アモルファス Si 太陽電池	0.5 GW（0.6）	～ 9
CdTe 太陽電池	3.1 GW（3.8）	～ 16
CIGS 太陽電池	1.3 GW（1.6）	～ 16
総　計	82.6 GW（100.0）	

〔出典：Fraunhofer ISE Photovoltaics Report 2017 より〕

1.6 %の生産量を占めている。CIGS 太陽電池の生産は，日本のソーラーフロンティア社がトップを占めている。そのほかに GaAs 系の多接合型太陽電池なども宇宙用太陽電池などとして生産されているが，その生産量は年産で数十 MW ときわめて少ないので表 3.1 には現れてこない。

表 3.2 は，2016 年 6 月における国内太陽電池メーカーが販売する各社最上位機種の太陽電池モジュールの仕様，価格を示している[47]。世界的には多結晶 Si 太陽電池の生産量が単結晶 Si 太陽電池を上回っているが，国内では性能の高い単結晶 Si 系太陽電池が販売の中心であることがわかる。モジュール当りの出力は 250 W から 260 W，変換効率は 16 %から 20 %，メーカーの小売り希望価格は 15 万円から 18 万円となっている。一般家庭で使用する際，4 kW の設備が必要とすると，額面上 228 万円から 292 万円の設備コストがかかることになる。実際の販売価格はもっと安いと考えられるが。また，太陽電池モジュールの保障期間は 10 年から 25 年，インバーターなどの周辺機器の保障期間は 10 年から 15 年となっている。太陽光発電設備の販売コストはここ数年だいぶ下がったが，まだ初期の設備投資としての割高感は否めない。ただ，考え

表 3.2　国内メーカーの太陽電池モジュールの性能比較

販売企業	シャープ	京セラ	三菱電機	パナソニック	東芝	ソーラーフロンティア
製品例	BLACKSOLAR	RoofleX	MB2600KF	HIT250aPlus	SPR-250NE	SF170-S
種　類	単結晶 Si	結晶 Si	単結晶 Si	アモ Si＋単結晶 Si	単結晶 Si	CIS
最大出力〔W〕	256	260	260	250	250	170
変換効率〔%〕	19.6	17.8	15.8	19.5	20.1	14 ～ 16 *
単価〔円〕	146 400	176 800	161 200	173 000	182 500	—
保障期間（無償）	20 年	10 年	20 年	25 年	10 年	20 年

製品単価はメーカー小売り希望額，2016 年 6 月 1 日現在
*：公表されていないので筆者が推定した変換効率。
〔出典：太陽光発電導入ガイド〕

ようで自動車1台分の投資で10年から20年間の電気代の節約や，震災などの非常時の独立用電源が確保されると思えば安いともいえる。

3.2 Si 系太陽電池

Si 系太陽電池セルの最高性能としては，単結晶 Si とアモルファス Si を接合したヘテロ接合 Si 太陽電池セルで，2014 年にパナソニックが HIT セルで 25.6 %（144 cm^2 セル）を，シャープが＋極，－極とも裏面に付けたバックコンタクト型で 25.1 %（3.7 cm^2 セル）を報告し，UNSW（オーストラリアのニューサウスウェールズ大学）が開発した単結晶 Si 太陽電池セルである PERL セルを上回る性能を報告している。その後 2016 年 9 月にカネカがヘテロ接合バックコンタクト（HBC）型 Si 太陽電池（180 cm^2 セル）で変換効率 26.33 %を報告した。現在これが世界最高性能の Si 系太陽電池である。

3.2.1　単結晶 Si 太陽電池

Si 単結晶太陽電池は 1954 年にアメリカの Bell 研究所で図 2.5 に示したような変換効率 6 %のミニモジュールが開発されて以来，最も歴史のある実用太陽電池である。その後，さまざまな方法で性能の向上が試みられている。現在，研究室レベルの単結晶 Si 太陽電池セルの最高性能は，UNSW で開発された PERL セルで変換効率 24.7 %である[48)]。商業用単結晶 Si 太陽電池の最高性能は表 3.2 に示した東芝の 90 cm × 175 cm モジュール（SPR-250NEWHT-J）でモジュール変換効率 20.1 %が報告されている。

〔1〕 **単結晶 Si 太陽電池の製法**　単結晶 Si 太陽電池の製造には，高純度（99.999 99 %以上，セブンナイン以上）で膜厚が 100 µm から 300 µm 程度の単結晶 Si ウェーハ（wafer）が必要となる。**図 3.2** に単結晶 Si ウェーハの作製法を示す。まず高純度の二酸化ケイ素（ケイ石，SiO_2）をコークスなどで還元して純度 97 ～ 98 %の粗金属 Si を製造する。粗金属 Si の不純物として鉄（Fe），アルミニウム（Al），カルシウム（Ca），炭素（C）などが約 2 ～ 3 %含

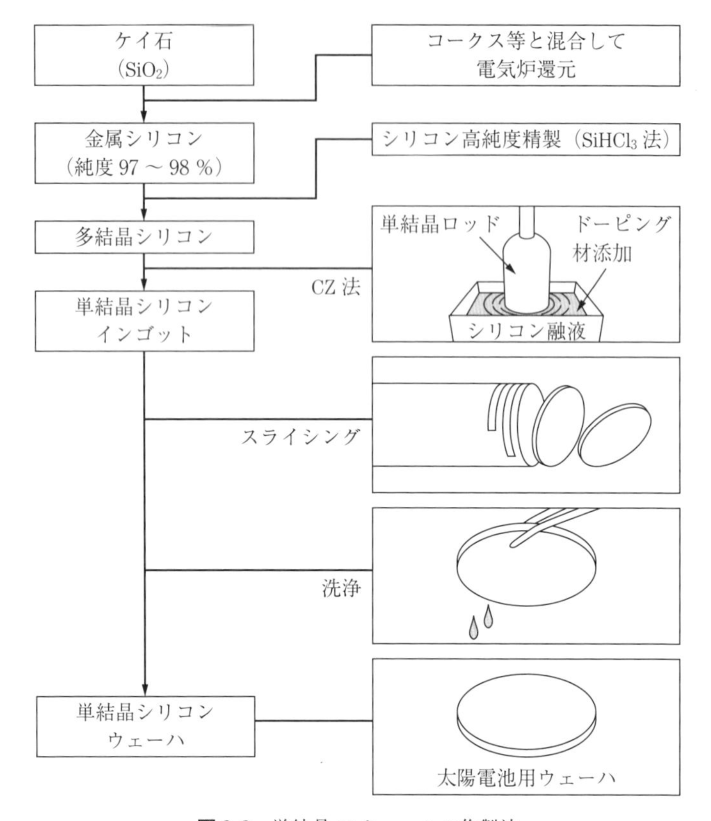

図 3.2　単結晶 Si ウェーハの作製法

まれる。この粗金属 Si を塩酸（HCl）と 300 ～ 400 ℃で反応させてトリクロロシラン（$SiHCl_3$）などに変換した後，水素（H_2）で還元し，高純度な多結晶 Si の粒子やロッド，インゴットなどに変換する。得られた高純度の多結晶 Si を溶融炉で溶解して高純度単結晶 Si を作製する。

単結晶 Si の作製法としてはチョクラルスキー（Czochralski，CZ）法と浮遊帯融（Floating Zone，FZ）法がある。図 3.2 では CZ 法が用いられている。CZ 法では 1 420 ℃程度に溶融した Si に，上部から小さな単結晶 Si の種結晶を接触させ，これをゆっくり回転させながら引き上げることで結晶を成長させ，棒状の単結晶 Si インゴットを得る。p 型 Si 単結晶作製の場合は Si 融液にボロン

(B) などのドーピング剤をごく微量添加する。FZ 法ではロッド状の原料 Si の下端を高周波コイル（RF コイル）により加熱・溶解させ，その直下に配した Si 種結晶に接触させる。その後，原料 Si インゴットと Si 種結晶を同時に一定の速度で下方に移動させ，Si 種結晶を成長させる。この方法はルツボを使用しないため，ルツボからの不純物の侵入がなく，高純度の単結晶 Si が得られる。また，RF コイルの形状を変えることにより，四角い単結晶 Si インゴットも作製できる。

単結晶 Si インゴットはワイヤーソー（wire saw）で薄く切断（スライシング）され，厚さ 100 μm から 300 μm 程度の単結晶 Si ウェーハが作製される。つぎに，この表面をフッ化水素酸（HF）と硝酸（HNO_3）でエッチング・洗浄処理を行うことにより，太陽電池用の単結晶 Si ウェーハが完成する。

図 3.3 には得られた p 型単結晶 Si ウェーハから単結晶 Si 太陽電池セルの作製法を示す。p 型単結晶 Si ウェーハは熱処理（アニーリング）された後，n 型ドーピング剤であるリン（P）を含む溶液を塗布・加熱処理が施され，表面に n 型層が形成される。この溶液には同時に反射防止膜が形成される成分も含む。このようにして n 型 Si 層表面に反射防止膜が付けられ，ついで表と裏の両面に電極を印刷・焼成して単結晶 Si 太陽電池セルが完成する。

〔2〕 **PERL セル**　1998 年に発表された UNSW で開発された PERL セルについて説明する。理論的には 30 %程度の変換効率が得られる単結晶 Si 太陽電池ではあるが，実用デバイスとしての単結晶 Si 太陽電池には，図 2.22 で示したように多くのエネルギー損失過程があり，この損失をいかに低減するかが課題となっている。**図 3.4** に示す PERL セルは，これらの損失を最小限にしようと試みたセルの一つである[48)]。PERL セルとは passivated emitter and rear locally diffused セルの略で，単結晶 Si の表面と裏面にパッシベーション膜（酸化膜）を付けキャリヤ再結合を抑制したことと，裏面の back surface field (BSF) を付けたポイントコンタクト電極構造を特徴とするセルという意味を持っている。BSF とは p 型，n 型半導体の端部に存在する高濃度なドーピングをした p^+ 層，n^+ 層のことである。BSF で生成した内蔵電位により，半導体内

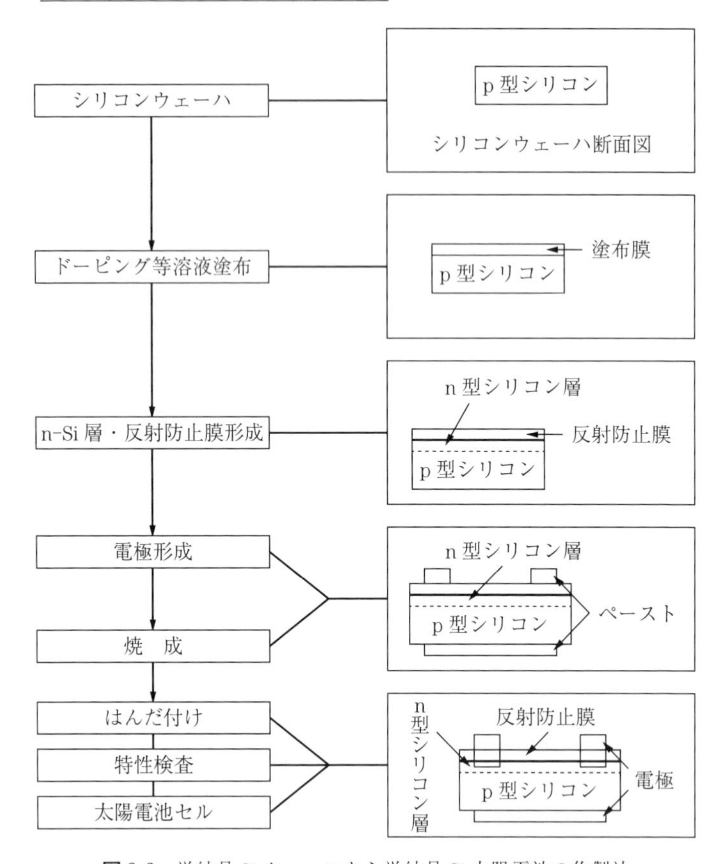

図 3.3　単結晶 Si ウェーハから単結晶 Si 太陽電池の作製法

で生成した電子の p^+ 層方向への移動を抑制し n^+ 層方向に移動させたり，また生成した正孔を n^+ 層方向への移動を抑制し p^+ 方向へ移動させたりして，電荷キャリヤの収集効率を向上させることができる。

PERL セルの特徴を列記すると，以下のようになる。

① FZ 法で作製された高品質の p 型単結晶 Si を使用。

② 光閉じ込め効果の高い逆ピラミッド型の表面構造を持つ。

③ 反射防止膜は効果を高めるため 2 層としている。

④ 単結晶 Si の表裏にパッシベーション膜（SiO_2 酸化膜）を付け，電荷再結合を抑制。

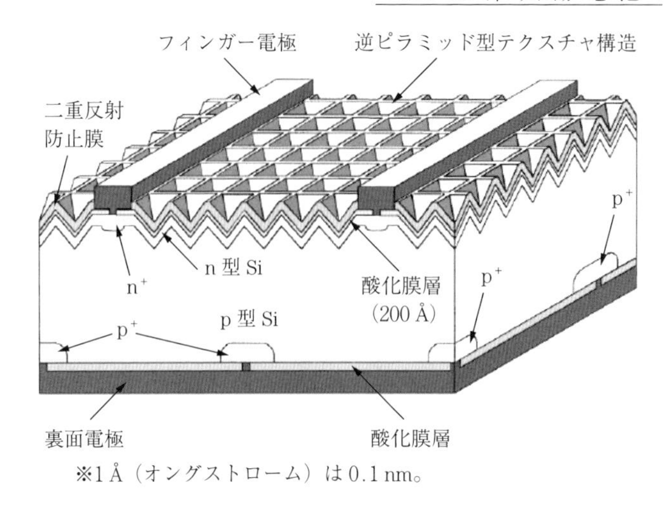

図 3.4　オーストラリアのニューサウスウェールズ大学（UNSW）で製作された単結晶 Si 太陽電池 PERL セルの構造

⑤　裏面 SiO_2 酸化膜の表面に小さな穴を開け，そこに裏面電極（ポイントコンタクト電極）を形成することで電極部分の金属と Si の接触面積を小さくしている。

⑥　ポイントコンタクト電極付近に BSF，すなわち p^+ を形成することにより低抵抗化と再結合の低減を実現。

このような処理により，研究レベルではあるが単結晶 Si 太陽電地としては最高の変換効率 24.7 % を達成した。現在，商業用 PERL セルも生産されている。

〔3〕 **IBC セル**　　IBC とは interdigitated back contact の略で，＋電極，－電極を交互に組み合わせて Si の裏面側のみに配置することを意味している。IBC セルとはこのような構造を持つセルである。従来のセルでは，太陽光の受光面に－電極（n 極）が存在するため，その－電極の下の結晶 Si 部分には太陽光は入射できない。その結果，その分だけ変換効率は低下することになる。IBC セルでは表側の受光面の－電極を，＋極とともに裏面に配置したため，結晶 Si に入射する太陽光が増え，その分だけ太陽電池の変換効率が向上し，小さなセルで 20 % 以上の変換効率を得ることができる。従来型単結晶 Si 太陽電

池はp型単結晶Siを使用しているのに対してIBCセルではn型単結晶Siが使用されている。国内では，シャープや東芝がIBCセルの開発やモジュールの商業化を行っている。2014年にシャープは3.7 cm^2のミニセルで変換効率25.1 %と世界最高レベルの変換効率を発表した。IBCセルは，表面に電極がないため，黒く見える。シャープは，このためIBCセルをBLACKSOLARと名付けて販売している。**図3.5**に従来型構造の結晶Si太陽電池と，BLACKSOLARの構造を示す[49]。IBCセルでは前述した東芝の単結晶Si太陽電池SPR-250NEWHT-Jでモジュール変換効率20 %以上が達成されている。

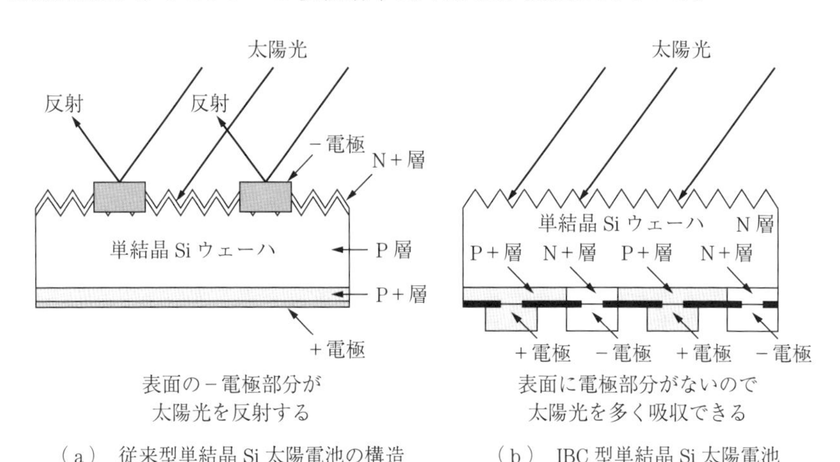

（a）従来型単結晶Si太陽電池の構造　　（b）IBC型単結晶Si太陽電池BLACKSOLARの構造

図3.5　従来型単結晶Si太陽電池とIBC型太陽電池BLACKSOLRの構造（断面図）の比較

3.2.2　多結晶Si太陽電池

多結晶Si太陽電池は太陽電池の中で最も生産量が多く，2016年の生産量は表3.2に示すように全体の69.6 %を占める[46]。その理由は，生産量の24.5 %を占める単結晶Si太陽電池よりも生産コストが低い割には性能が高いことであり，コストと性能とのバランスのよさから主流となっている。性能が低い理由は，Siが多結晶のため，結晶粒界において電荷再結合が発生し性能が低下するからである。しかし，1 cm角のセルで20.1 %，15 cm角セルで19 %以上の変換効率が達成され，モジュールでは変換効率 15 ～ 18 %のものが販売されている。**図 3.6** に多結晶 Si と単結晶 Si 太陽電池セルの拡大写真を示す。横に走る細い線がグリッド線（フィンガー電極）で縦に走る太い線がバスバー電極である。多結晶 Si 太陽電池では，その外観からキラキラ光る単結晶 Si 粒を見ることができる。最近は高性能化を目指し表面エッチングにより表面テクスチャ構造を形成するため，結晶粒が見えない多結晶 Si 太陽電池も作製されている。これはダークブルーセルとも呼ばれている[50]。

（a） 多結晶 Si 太陽電池セル

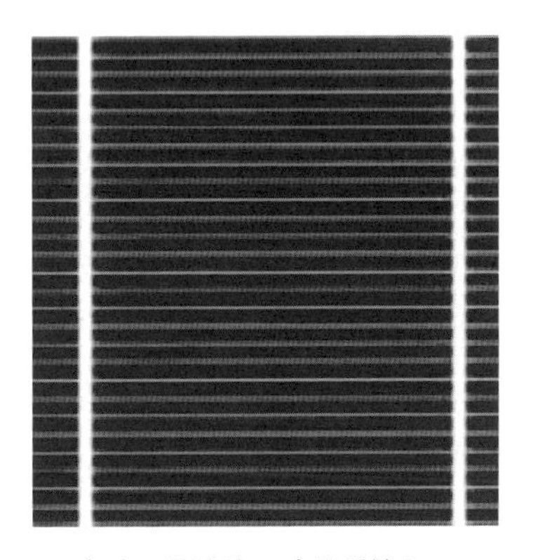

（b） 単結晶 Si 太陽電池セル

図 3.6　多結晶 Si と単結晶 Si 太陽電池セルの拡大写真

多結晶 Si のインゴットはキャスト法で作製されることが多い。窒化ケイ素（SiN）を含む離型剤を内側に塗布した石英ルツボを炉内に設置し，その中に原料のポリシリコン（多結晶 Si 粒）を入れ完全に溶融させ，その後炉の温度勾配を利用してルツボ底面から結晶成長させて多結晶 Si インゴットを作製する。単結晶 Si 作製時より低い 1 000 ℃程度で融解し，短時間で作製できる。サイズも単結晶 Si インゴットよりも大きい 15 ～ 20 cm 角インゴットが作製できる。インゴットからワイヤーソーで厚さ 200 μm 程度のウェーハを作製し，pn 接合，電極作製を単結晶 Si 太陽電池の作製と同様な方法で行う。

基本的に結晶粒界が存在するため単結晶 Si 太陽電池よりも性能が悪く，多結晶 Si 太陽電池の性能を上げるために以下のような改良が試みられている。

① 入射太陽光の損失を抑制するため，反射防止膜（SiN）や光閉じ込め効果用の表面テクスチャ構造が作られている。例えば，フッ素系ガス表面エッチングによるテクスチャ構造やレーザビームによるハニカムテクスチャ構造が形成されている。

② 入射太陽光の透過損失を低減するため，裏面に Al または Ag の金属膜を取り付け，入射光の反射率を上げ光閉じ込め効果を利用する。

③ Si 基板内部の結晶粒界，欠陥などでの電荷再結合の低減のためリン（P）ゲッタリングを行う。ゲッタリングとは Si 基板表層に拡散層を形成させ，熱処理により Si 基板内部の欠陥や不純物を拡散層に捕獲することをいう。

④ Si 基板表面でのダングリングボンド（未結合手）による電荷再結合の低減のため，パッシベーション（酸化膜層形成）を行う。

⑤ 電極での抵抗損失を低減するため，電極を厚くする。

3.2.3 薄膜 Si 太陽電池

薄膜 Si 太陽電池の最大の特長は，用いる原料 Si の量が圧倒的に少なく，コストパーフォーマンスがよいことである。単結晶 Si 太陽電池や多結晶 Si 太陽電池は，その Si 層の膜厚が 200 ～ 300 μm であるのに対して，薄膜 Si 太陽電池の Si 層の膜厚は 1 ～数 μm と非常に薄く，結晶 Si 太陽電池の 1/100 程度である。そのため薄膜 Si 太陽電池セルの変換効率は，結晶 Si 太陽電池セルの半分の 10 %程度であり単独セルでの実用化は難しいところがある。

製造法も結晶 Si 太陽電池の製法とは大きく異なる。結晶 Si 太陽電池の場合，溶融した Si から単結晶または多結晶 Si のインゴットを作製し，それをワイヤーソーで切断して Si ウェーハを作製する。薄膜 Si 太陽電池の場合，プラズマ CVD 装置などを用いて，Si 前駆体から導電性基板上に薄膜 Si 層を形成させる。薄膜 Si 太陽電池は，その Si 膜の形態から大きく三つに分けることができる。薄膜多結晶 Si 太陽電池，薄膜微結晶 Si 太陽電池，アモルファス Si 太陽電池である。さらに，これらの太陽電池を積層するタンデム型太陽電池も作製され，実用化されている。**表 3.3** に各種 Si 材料の特徴を示す。

表 3.3 太陽電池用の各種 Si 材料の特徴と比較

太陽電池シリコン材料（表示記号）	構造	シリコン粒子径	バンドギャップ光吸収領域	光照射安定性
アモルファスシリコン（a-Si）	非晶質	—	1.4 ～ 1.7 eV λ<729 ～ 885 nm	悪い
微結晶シリコン（μc-Si）	非晶質＋結晶	10 ～ 100 nm	～ 1.1 eV λ<1 100 nm	よい
多結晶シリコン（mc-Si）	多結晶	5 ～ 10 μm	～ 1.1 eV λ<1 100 nm	よい
単結晶シリコン（c-Si）	単結晶	1 ～ 20 cm	～ 1.1 eV λ<1 100 nm	よい

〔1〕 **薄膜多結晶 Si 太陽電池（薄膜 mc-Si 太陽電池）**　多結晶 Si 薄膜はセラミックなどの支持基板に CVD（chemical vapor deposition）法，液相成長法，固層結晶化法などを用いて作製する。例えば，CVD 法の場合，SiO_2 基板上にジクロロシラン（SiH_2Cl_2）を H_2 や N_2 をキャリヤガスとして 1 000 ℃で分解させると，5 ～ 10 μm の粒子径を持つ Si 薄膜が得られる。これを用いて薄膜多結晶 Si 太陽電池を作製した場合，電極や pn 接合形成条件の制約のため得られた変換効率はわずか 5 ～ 6 %程度であった。現在のところ実用化はされていない。

〔2〕 **薄膜微結晶 Si 太陽電池（μc-Si 太陽電池）**　薄膜微結晶 Si 太陽電池の Si 薄膜はガラス基板上に**図 3.7** に示すようなプラズマ CVD 装置を用いて作製される。シラン（SiH_4）ガスと水素（H_2）の混合ガスを水素希釈比 10 ～ 30 以上でプラズマ CVD 装置に通すと 200 ℃以下の低温で，粒子径 10 ～ 100 nm の微結晶 Si が含まれる膜厚が数 μm の薄膜が得られる。光吸収端は多結晶 Si と同じで 1.1 eV，1 100 nm までの太陽光を吸収できる。プラズマ CVD で形成される微結晶 Si 層は真性半導体（intrinsic，i 型，ドーピングのない半導体）であるので，太陽電池の作製にはシラン（SiH_4）と水素（H_2）の混合ガスにジボラン（B_2H_6）ガスやホスフィン（PH_3）ガスを混入することにより p 型，n 型の微結晶 Si 膜の作製が必要となる。その結果，太陽電池の接合は pin 型接合か nip 型接合となる。

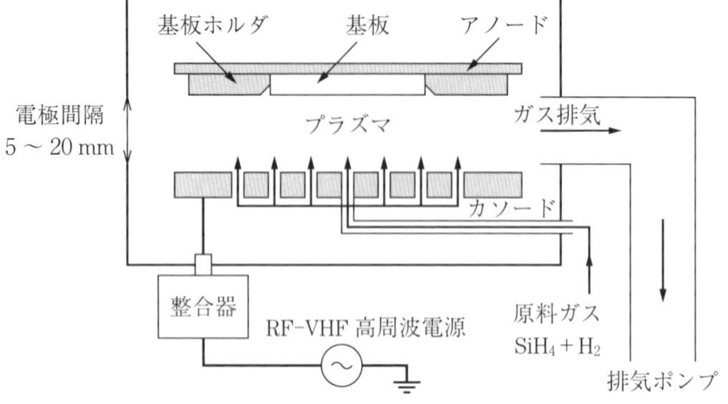

図 3.7　薄膜微結晶 Si 太陽電池の作製に使用される
プラズマ CVD 装置の概略図

図 3.8 に薄膜 Si 太陽電池の一般的な構造を示す[51]。スーパーストレート型セルでは，まずガラス基板上に太陽光が入射する表面の電極として，酸化亜鉛（ZnO），酸化インジウムスズ（ITO，In_2O_3-SnO_2）などの透明導電性酸化膜（TCO 膜）を形成する。ついで，微結晶 Si 膜による pin 接合を形成し，最後に

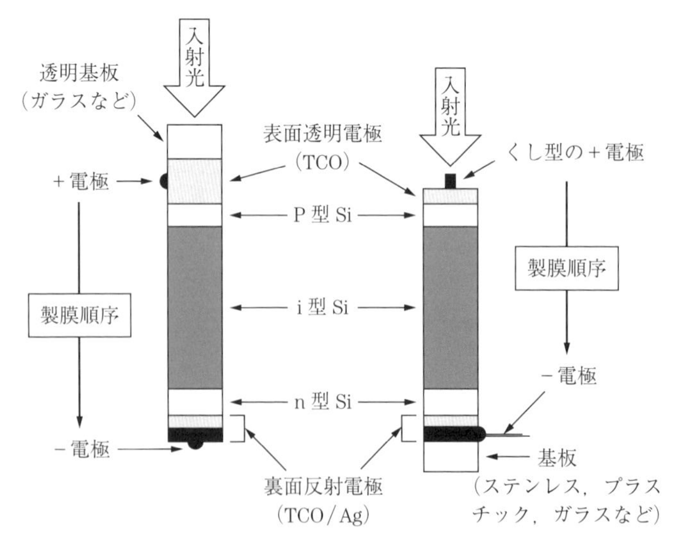

（a）　スーパーストレート型セル　　（b）　サブストレート型セル

図 3.8　薄膜 Si 太陽電池の構造

TCO 膜と入射光を反射させる Ag 膜からなる裏面電極を形成する。一方，サブストレート型では，裏面電極側から作製する。基板には金属，ガラス，プラスチックなどの用途に応じて種々の材料が用いられる。基板の上に裏面電極を形成し，さらに n 型，i 型，p 型微結晶 Si 薄膜を積層，最後に TCO などの透明電極とくし形電極を取り付ける。光閉じ込めに有効なテクスチャ構造と微結晶 Si 層が 2 μm の，1 cm 角サブストレート型薄膜微結晶 Si 太陽電池で変換効率 10 %程度がカネカから報告されている[52]。

〔3〕 アモルファス Si 太陽電池（a-Si 太陽電池） アモルファス Si 薄膜の作製法は薄膜微結晶 Si 太陽電池と同様に図 3.7 に示す CVD 装置を用いて行う。シラン（SiH_4）ガスを 200 ℃で分解させ，非結晶質（アモルファス）の Si 膜を基板上に形成する。膜にはシランガス分解の過程でプラズマ中に存在する水素原子（H）が 10 〜 20 原子%取り込まれ，これらの水素がアモルファス Si 構造の安定化と欠陥の低減に役立っている。そのため材料としては水素化アモルファス Si（a-Si：H）と記述することもある。**図 3.9** に水素化アモルファス Si と結晶 Si の構造を示す。a-Si 層の膜厚は 1 μm 程度で十分である。なぜなら図 2.18 で示したように 720 nm 以下の短波長では a-Si の吸光係数が c-Si よりも大きいため十分に太陽光を吸収できるからである。しかし，a-Si のバン

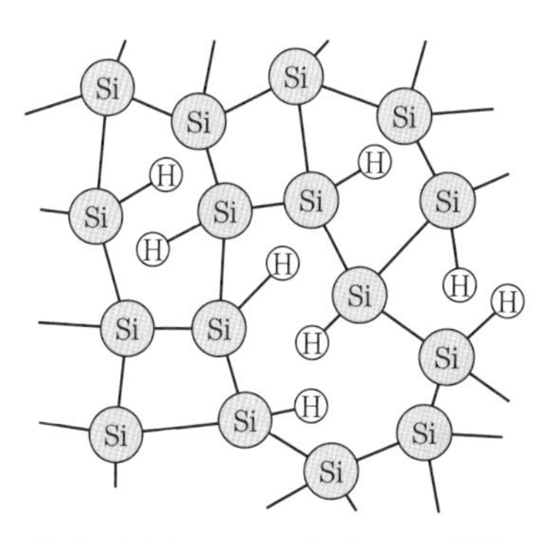

（a） アモルファスシリコンの構造

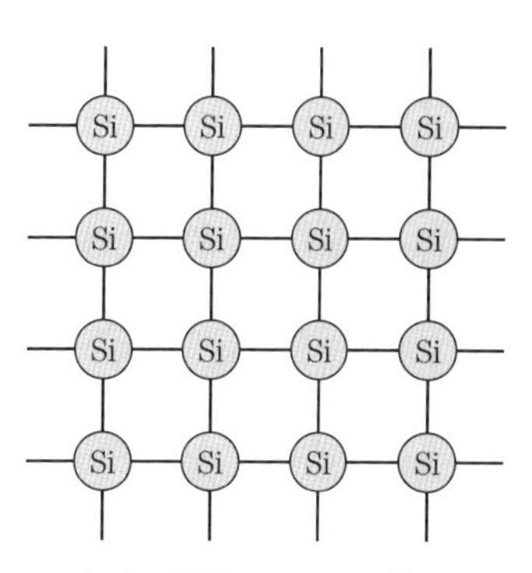

（b） 結晶シリコンの構造

Si：ケイ素原子 H：水素原子

図 3.9 水素化アモルファス Si の構造

ドギャップは 1.7 eV で c-Si の 1.1eV より大きく，729 nm までの太陽光しか吸収できない。**図 3.10** には膜厚の異なる a-Si 太陽電池，μc-Si 太陽電池，c-Si 太陽電池の分光感度曲線を示す[53)]。分光感度とは，入射太陽光エネルギー（W）当りの出力電流（A）を示す。この図から 600 nm の太陽光では 0.5 μm 厚さの a-Si 太陽電池が，3.6 μm 厚さの μc-Si 太陽電池や 400 μm の c-Si 太陽電池とほぼ同等の相対分光感度を示すことがわかる。

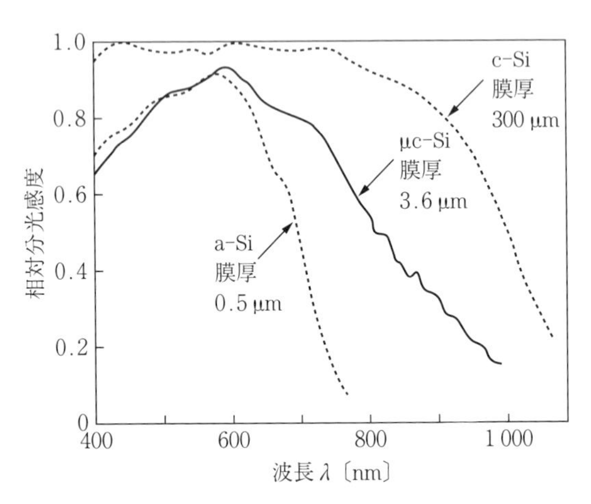

図 3.10　膜厚の異なる a-Si 太陽電池，μc-Si 太陽電池，c-Si 太陽電池の分光感度曲線

図 3.11 にスーパーストレート型の a-Si 太陽電池の構造を示す[54)]。透明導電層（TCO）は光閉じ込め型のテクスチャを持つ SnO_2 でできている。p 型層はできるだけ多くの光を取り込むため，a-Si よりワイドギャップの SiC 層を用いている。次いで i 型 a-Si，n 型 a-Si と積層し，最後に裏面電極の ZnO と Ag をスパッタ法により形成する。光吸収層である i 型層を 200 μm と厚くし，p 型層，n 型層は 20 μm と薄くする。pin 接合型構造は pn 接合型構造に比べ，禁制帯の中間位置にフェルミ準位を持つ i 層を pn の間に持つため，電場勾配が穏やかになる。i 層が長くなると，さらに勾配が緩やかになり電荷分離効率が悪くなる。特に，光照射による光劣化が起こると，pi 層，in 層界面に電荷がたまりやすくなり内蔵電場が低くなる。光劣化とは a-Si 太陽電池特有の性能

低下現象でありステブラー・ロンスキー（Staebler-Wronski）効果とも呼ばれる a-Si 太陽電池の短所の一つである。数百時間の連続光照射により a-Si 膜中の Si のダングリング・ボンド（未結合手）が 1 ～ 2 桁増加することが知られている。図 3.9 に示す a-Si の構造の中で，Si-H 結合が分解しダングリング・ボンドが生成し再結合中心としてふるまうため性能が落ちる。ダングリング・ボンドの生成は i 層の膜質に依存し，水素濃度が高い場合はダングリング・ボンドが増えて光劣化が大きくなる。緻密な a-Si 膜では光劣化が少ない傾向がある。a-Si 太陽電池の性能は 1 cm 角セルで変換効率 10 ～ 11 %程度である。

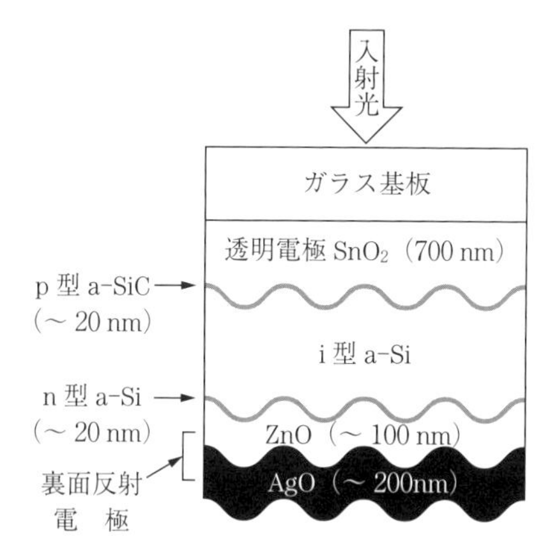

図 3.11　スーパーストレート型 a-Si 太陽電池の構造

図 3.12 には 1 枚の板の上に太陽電池を集積させたモノリシック集積型 a-Si 太陽電池のモジュールの断面構造を示す[55)]。レーザースクライブ法により積層した透明導電層や a-Si 層，裏面電極層を順次切削加工して，速やかに直列接続モジュールを作製する連続生産方式である。約 90 cm×50 cm のモジュールで 55 V 以上の解放電圧 V_{oc} と 1 A 近くの電流が得られ，光劣化前の初期変換効率として 10.6 %を得ている。パナソニックでは現在，a-Si 太陽電池を Amorton 太陽電池の商品名で販売している。カネカでも 1999 年に電力用 a-Si 太陽電池の 20 MW の生産ラインが運転開始された[56)]。

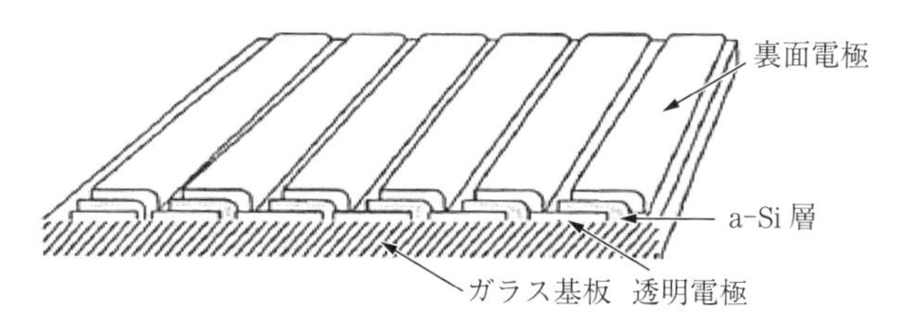

図 3.12　モノリシック集積型 a-Si 太陽電池のモジュール断面図

a-Si 太陽電池の長所は，製膜速度が速く，生産性の高いロール・ツー・ロール法（Roll-to-Roll 法，R2R とも書く）などの連続生産方式が可能であり，かつ大面積の太陽電池を一度に生産できることである。したがって，生産コストが安価となる。Roll-to-Roll 法とは，ロール（Roll）状に巻いた長さ数百 m，幅 1 m ほどの大きな基板に回路パターンや発電層，電極などを印刷法や CVD 法で作製し，やはりロールに巻いた封止膜などと張り合わせてから，再びロールに巻き取る方法である。基板は装置の間を連続的に流れ，製造装置はたがいに連結され，搬送に伴う手間や装置を大幅に省くことができる。**図 3.13** に TDK のフレキシブル基板型 a-Si 太陽電池の Roll-to-Roll 法による製造工程を示す[57]。

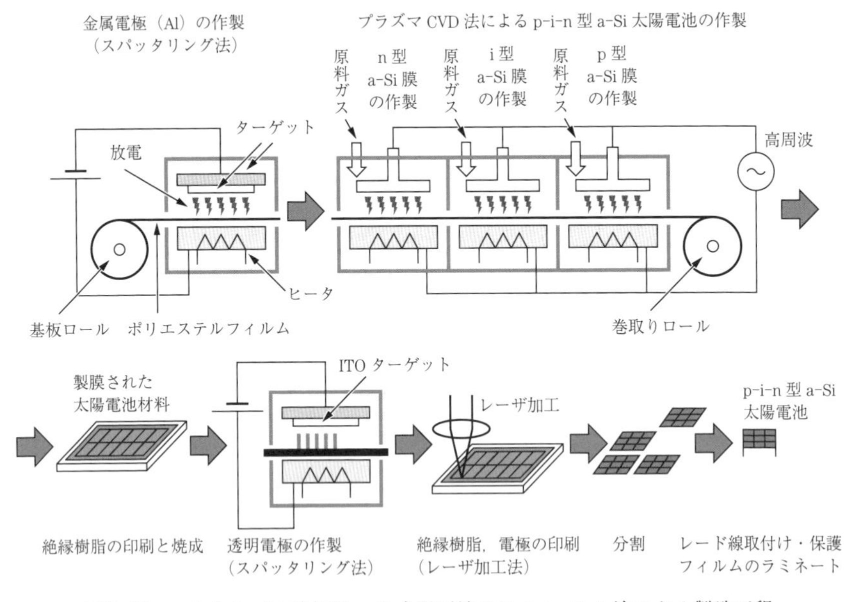

図 3.13　フレキシブル基板型 a-Si 太陽電池の Roll-to-Roll 法による製造工程

3.2.4 ヘテロ接合太陽電池

〔1〕 **アモルファス Si/微結晶 Si タンデム型太陽電池**　これまで見てきたように a Si 太陽電池や μc-Si 太陽電池の性能は，変換効率が 10 % そこそこであり，c-Si 太陽電池（単結晶）や mc-Si 太陽電池（多結晶）の変換効率 18 ～

20 %程度の性能に及ばない。そこで，より高性能を得るため光吸収領域の異なる a-Si 太陽電池と μc-Si 太陽電池を組み合わせたタンデムセルが開発されている。タンデムとは本来2頭直列の馬車を意味するが，タンデムセルとは二つ以上のセルを同一基板上に直列に積層作製されたセルをいう。CVD プロセスにより基板上に連続的に高速で短時間に薄膜の Si 積層製膜ができる。**図 3.14**（a）にタンデム型太陽電池セルの構造を示す[58]。ガラス基板，TCO 膜を透過した太陽光は，まずトップ層の a-Si 層で 300 nm から 800 nm までの光が吸収され発電に寄与する。吸収されなかった 800 nm までの一部の光はテクスチャ構造の透明中間反射層により散乱・反射され，再び a-Si 層に吸収され発電に寄与する。一方，トップ層の a-Si 太陽電池部を透過した 1 000 nm までの光は，ボトム層の c-Si 太陽電池部に入射し，発電に寄与する。c-Si 層に吸収されなかった 1 100 nm までの光は Ag 裏面電極に反射され，再び c-Si 層で発電に寄与することとなる。

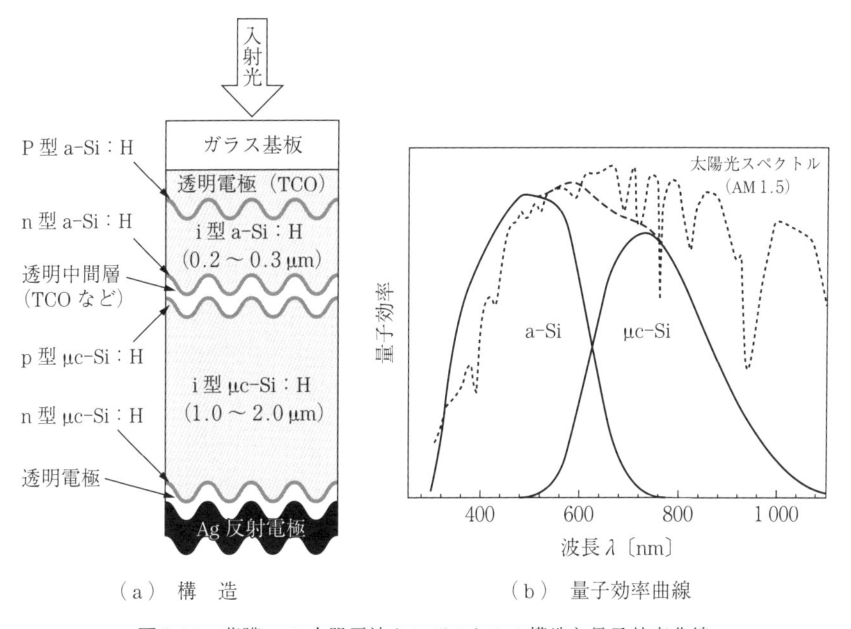

（a） 構 造　　（b） 量子効率曲線

図 3.14　薄膜 a-Si 太陽電池タンデムセルの構造と量子効率曲線

図 3.14（b）は，このタンデムセルの量子効率曲線と太陽光スペクトルを示している[58]。量子効率とは入射光（フォトン）が電流（electron）に変換された割合を表し，量子効率曲線とは量子効率の光波長依存性を表す。実線は，各シングルセルの量子効率曲線を示し，破線がタンデムセルの量子効率曲線である。タンデムセル化により，太陽光の幅広い領域で量子効率が向上していることがわかる。タンデムセルは，トップ層セルとボトム層セルの直列接続となるので，その放電圧（V_{oc}）は各セルの V_{oc} の和で示される。一方，短絡電流（J_{sc}）は，J_{sc} の小さいセルに支配されるので，両セルの J_{sc} をなるべく合わせることが重要である。したがって，このタンデムセルの場合，J_{sc} を合わせるために，吸光係数の大きい a-Si 太陽電池部の膜厚が 0.2 ～ 0.3 μm と薄いのに対して，吸光係数の小さい μc-Si 太陽電池部の膜厚は，約 10 倍の 1.0 ～ 2.0 μm の厚さが必要となる。タンデムセルでは，a-Si 層が通常の a-Si 太陽電池の 1 μm 程度の厚さに比べて薄い分，a-Si 太陽電池特有の光劣化の影響も少なくなるメリットもある。

表 3.4 に代表的な薄膜 Si 太陽電池セルの性能を示す。2 接合型タンデムセルでは変換効率が 12 ～ 13 %程度，3 接合型タンデムセルでは 13 ～ 14 %の変換効率が得られている。カネカはアモルファス Si/微結晶 Si タンデム型太陽電池を屋根用太陽電池として VISOLA，SOLTILEX，GRANSOLA などの商品名で販売している[59]。

表 3.4　代表的な薄膜 a-Si 太陽電池セルの性能

太陽電池の構造	セル面積〔cm^2〕	解放電圧〔V_{oc}〕	短絡電流〔mA/cm^2〕	フィルファクタ〔FF〕	変換効率 η〔%〕
単接合型					
a-Si 太陽電池	1.0	0.88	17.2	0.67	10.1（安定化後）
μc-Si 太陽電池	0.25	0.56	27.4	0.74	10.9
2 接合型					
a-Si/μc-Si 太陽電池	1.0	1.36	12.9	0.69	12.3（安定化後）
3 接合型 a-Si/μc-Si/μc Si 太陽電池	1.0	1.96	9.5	0.72	13.4（安定化後）

〔2〕 **HIT 太陽電池**　すでに紹介したように Si 系太陽電池で 25.6 %の最高性能レベルを達成している HIT 型太陽電池では n 型単結晶 Si の表面に p 型アモルファス Si を接合させたヘテロ接合で形成されている。HIT 型太陽電池の HIT とは Heterojunction with Intrinsic Thin-layer の略称で，「真性半導体薄膜を用いたヘテロ接合」という意味である。ホモ接合の場合，接合面に欠陥が生じてそれが電荷再結合サイトとなり性能が低下するが，ヘテロ接合にすることによりこれらの欠陥を少なくすることができ高性能化が望める。1997 年に三洋電機（現パナソニック）から実用化された。

図 3.15 に HIT 太陽電池の基本構造を示す[60]。上部（表面）からくし形電極（＋極），透明導電膜（TCO），膜厚 10 nm 程度の p 型 a-Si 層，i 型 a-Si 層，ついで膜厚 200 nm 程度の n 型 c-Si ウェーハ，さらに膜厚 10 nm 程度の i 型 a-Si 層，n 型 a-Si 層，TCO，くし形電極（－）極の構成となっている。c-Si ウェーハの表面をプラズマ CVD 法で a-Si 層をヘテロ接合する目的は，c-Si 表面での電荷再結合を抑制し高い解放電圧 V_{oc} を得るためである。このヘテロ接合では i 型 a-Si 層の存在により a-Si/c-Si ヘテロ界面の欠陥を効率的に低減できるとともに，ヘテロ接合により内蔵電場を大きくすることができるからである。HIT 太陽電池の特徴をつぎにまとめる。

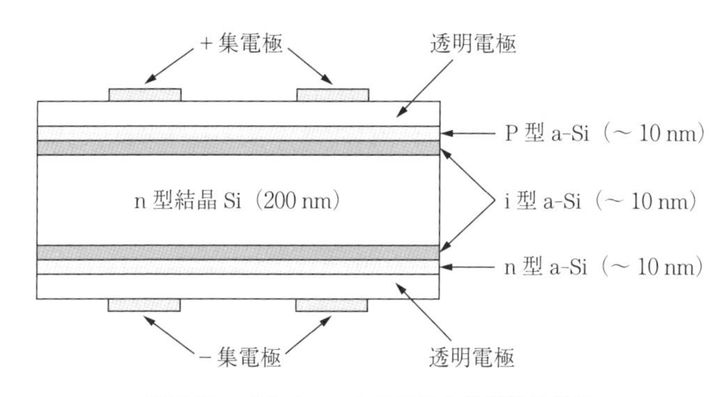

図 3.15　パナソニックの HIT 太陽電池の構造

① 高い変換効率が得られる。2013 年に 10 cm 角実用サイズセルで 24.7 %の変換効率が達成され，Si 系太陽電池としては世界最高性能とされていた

UNSW の PERL セルを上回った。モジュールの変換効率は 18.7 ％である。

② c–Si 太陽電池に比べ，温度上昇による効率低下が少なく，高温条件に強い太陽電池で実用条件下の発電量が多い。

③ ヘテロ接合を形成するプロセスは 200 ℃以下の低温プロセスであり，c–Si の pn 接合のプロセス温度 900 ℃に比べ，省エネとなる。

④ c–Si の両面に接合を行っており，熱膨張によるひずみが少なく c–Si ウェーハの膜厚を薄くすることができ，Si 資源量の節約となる。従来の c–Si 太陽電池の c–Si 層の膜厚は 300 ～ 400 μm 程度に対して HIT 太陽電池の c–Si 層の膜厚は 200 μm 以下である。

⑤ 両面発電が可能なため水平設置型，傾斜設置型，垂直設置型など多面的な使い方ができる。例えば，高速道路などの防音壁型太陽電池としても使用される。両面発電型 HIT 太陽電池の「HIT ダブル」が販売されている。

また，カネカもヘテロ接合型太陽電池を発表している。高品質の a–Si を用いて，結晶シリコン基板の表面欠陥低減技術や，従来の銀電極ではなく銅メッキ法による電極形成技術等を活用することにより，2015 年に 152 cm^2 の実用セルサイズで変換効率 25.1 ％を達成したと報告した[61]。

〔3〕 **HBC 型太陽電池**　　HIT 太陽電池は高性能を発揮できるが，受光面に電極があり入射光が制限される。しかし，いままでに見てきたようにバックコンタクト（IBC）型太陽電池では，＋極，－極が裏面側に配置され入射光の制限がない。そこでヘテロ接合とバックコンタクトを合わせもつ HBC（ヘテロ接合バックコンタクト，heteojunction back conact）型太陽電池が開発された。

図 3.16 にシャープが開発した HBC 型太陽電池の構造示す[62]。シャープは 2014 年に c–Si 膜厚 150 μm，3.74 cm^2（約 2 cm 角）のセルで変換効率 25.2 ％（V_{oc}＝0.73 V，J_{sc}＝41.7 mA/cm^2，FF＝0.819）を達成した。一方，パナソニックも HIT 型太陽電池を改良した HBC 型太陽電池を開発し，同様に 2014 年に c–Si 膜厚 150 μm，143.3 cm^2（約 12 cm 角）の実用サイズセルで変換効率 25.6 ％（V_{oc}＝0.74 V，J_{sc}＝41.8 mA/cm^2，FF＝0.827）を報告している。また，前述したようにカネカも HBC 型 Si 太陽電池（180 cm^2）で変換効率 26.33 ％

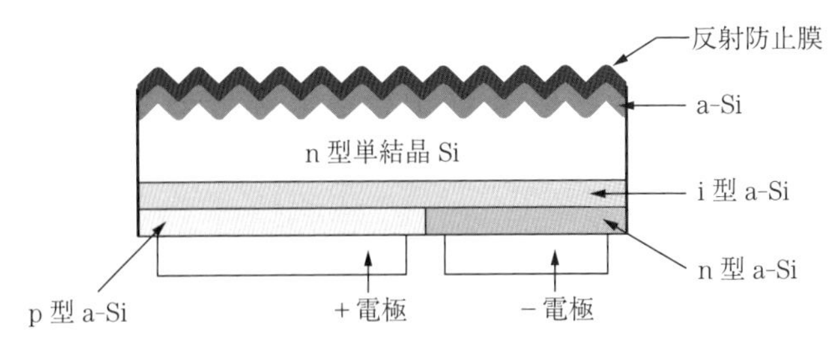

図 3.16　シャープの HBC（バックコンタクト）型太陽電池の構造

を達成したと NEDO のニュースリリース（2016 年 9 月 14 日）で報告している。これは Si 系太陽電池としては，2017 年現在，世界最高性能を示している。

3.2.5　球状 Si 太陽電池

変わった太陽電池としては球状 Si 太陽電池がある。球状 Si 太陽電池とは，直径約 1 mm の Si 球を繋いで太陽電池にしたものである。その特徴を以下にまとめる。

① 長所としては，低級なポリシリコン材料から直接 Si 球を製造することができ生産性が高い。

② Si の切削工程がなく製造コストが低い。

③ Si 原材料 1 W 当りの使用量 1/5 以下ですむ。

④ フレキシブルな基板の使用で割れないフレキシブルな太陽電池を作ることができる。

⑤ 短所としては，球状セルは太陽光の反射率が高く平板セルに比べ出力が約 30 %低くなる。ただし，セル化する際には，太陽光反射を改善する試みが種々行われている。

⑥ 球状 Si 単セルを一体化する基板が必要である。

⑦ 製造法が難しくコストが高い。

球状 Si 太陽電池の開発は，1980 年代にアメリカの Texas Instrument 社により開発が行われたが，事業化には至らなかった。球状 Si の製造法には二つの方法がある。一つは溶融している p 型 Si を不活性ガス下で滴下させ，その液滴を凝固させる方法である。直径が，約1mm程度球状p型Siが得られる。もう一つは，粒子径が10～100nmのp型Si結晶粒子の集合体をトレーに載せ，移動型電気炉の投入口から入れ，中で溶融凝固させ，取り出し口からトレーを取り出す方法である。球状Siの直径は，投入するSi結晶粒子の量により自由に制御できる。得られたp型球状セルは，表面をn型にすることによりp-n接合が形成され，最後に電極が取り付けられる。

日本のクリーンベンチャー21（CV-21）社は，球状Siの弱点である低い光吸収特性を**図3.17**に示すような集光型セルを作製して克服している[63]。直径1mmの球場Siの周りに，直径が2.2～2.7mmのハニカム形状傘型Al製反射鏡を取り付ける。この反射鏡はマイナス極としても作用する。反射鏡と球状Siとの断面積の比が4となるので，集光率4倍の集光型太陽電池となる。5cm×15cm角のミニモジュールで変換効率η=12.5%，V_{oc}=0.61V，J_{sc}=27.1mA/cm^2，FF=0.76が報告されている。日本ではCV-21社やスフェラーパワー社が球状Si太陽電池の生産販売を行っている。**図3.18**に示すように透明素材に球状Si太陽電池セルを埋め込んだ三次元受光型の太陽電池として建

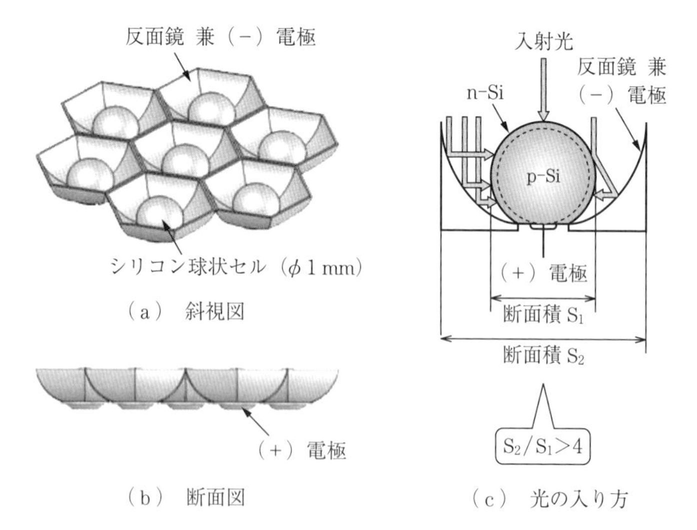

図3.17　クリーンベンチャー21社の球状Si太陽電池の構造とセルへの入射光図〔提供：クリーンベンチャー21社〕

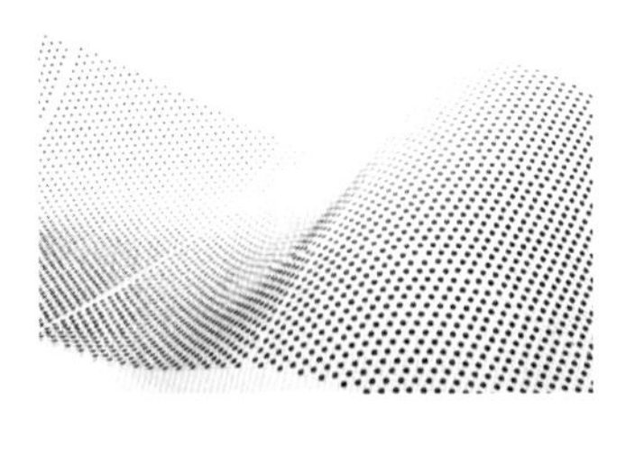
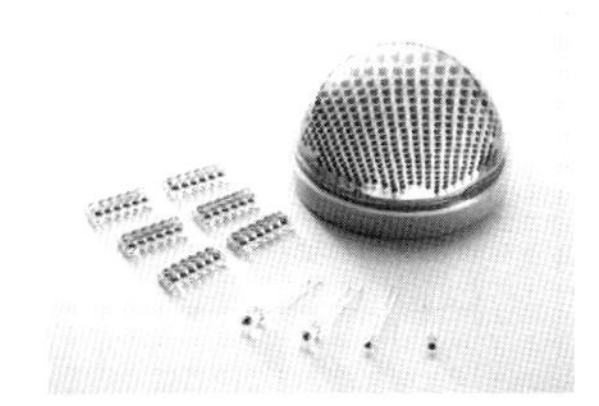
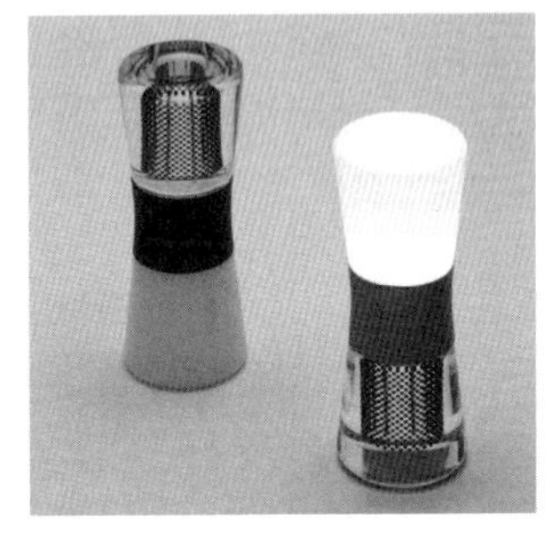

図 3.18 スフェラーパワー社の透明・フレキシブル型球状 Si 太陽電池モジュール[64]〔写真提供：スフェラーパワー社〕

物用（BIPV），エナジー・ハーベスティング用やランタンなどのデザイン製品への応用がうたわれている[64]。

3.3 化合物半導体太陽電池

化合物半導体とは元素が2種類以上から構成される化合物の半導体をいう。**図 3.19** には元素を原子番号順に並べた単周期表の一部を示す。図中，太い黒線で示す階段の上部右半分の元素は非金属元素で，階段の下部左半分の元素は金属元素である。そして，一般に非金属元素は絶縁体物質を構成し，金属元素は伝導体物質を構成する。また，階段に隣接する元素であるホウ素（B），シリコン（Si），ゲルマニウム（Ge），ヒ素（As），アンチモン（Sb），テルル（Te），アスタチン（At）は半金属元素であり半導体物質を形成する。

半導体である Si 結晶は，価電子を四つ持ち，すなわち四つの結合手を持つ Si 原子がたがいにつながった**図 3.20** に示す正四面体単位が連続するダイヤモ

族

周期	ⅠB	ⅡB	ⅢB	ⅣB	ⅤB	ⅥB	ⅦB	0
1								He
2			B	C	N	O	F	Ne
3			Al	Si	P	S	Cl	Ar
4	Cu	Zn	Ga	Ge	As	Se	Br	Kr
5	Ag	Cd	In	Sn	Sb	Te	I	Xe
6	Au	Hg	Tl	Pb	Bi	Po	At	Rn
7								

図 3.19　元素の単周期表の一部

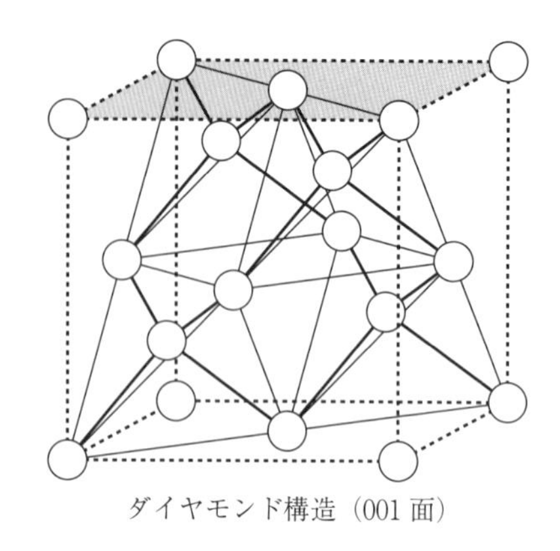

図 3.20　Si 結晶のダイヤモンド構造

ンド構造を持っている。Si 原子どうしは 8 個の最外殻電子を共有する共有結合で結ばれている。原子の周りの電子数が 8 個の場合，化合物は安定して存在することができる。これはオクテット則と呼ばれている。いま，ダイヤモンド構造を持つ Si 結晶の Si 原子一つを，Si 原子より価電子が 1 個少ない 3 個の価電子を持つ Ga 原子に置換し，その Ga 原子のとなりに Si 原子より価電子が 1 個多い，5 個の価電子を持つ As を置換し，それらを交互に置換してゆくと GaAs 化合物半導体が形成される。GaAs は Si と同様に，Ga と As 原子の周囲には平均 8 個の最外殻電子が存在しているので安定な化合物となる。しかも，図 3.19 からわかるように As のほうが Ga より電気陰性度が高いので，それらの共有結合は Si の場合より，イオン結合性が強くなり電荷移動特性が向上する。このようにして，Si 結晶のダイヤモンド構造をヘテロ元素で骨格置換しながら，原子の周りの最外殻電子数を平均 8 個に保つと，伝導性のよい種々な化合物半導体が形成される。

図 3.19 からわかるように Si は IV–B 族元素の半導体である。Ga は III–B 族元素で As は V–B 族元素である。したがって，GaAs 化合物は III–V 族化合物半導体と呼ぶ。AlAs，InAs，GaP，AlP，InP，GaN，AlN，InN などの化合物も III–V 族化合物半導体である。同様にして IV 族を挟む II 族と VI 族の元素で

II–VI 族化合物半導体を作ることができる。例えば，ZnS，ZnSe，CdTe などは II–VI 族化合物半導体である。少し複雑になるが II–VI 族化合物半導体で II 族元素を，さらに I 族と III 族元素で置換すると I–III–VI_2 族化合物半導体が形成される。価電子の数を計算すると，$(II–VI)_2$ が $(2+6)\times 2=16$ 個，I–III–VI_2 が $(1+3+6\times 2)=16$ 個で等しくなる。I–III–VI_2 族化合物半導体には $AgGaS_2$，$CuInSe_2$，$Cu(In_{1-x}Ga_x)(S_ySe_{1-y})_2$（$x$，$y$：置換元素の個数を表し，1 より小さい数）などがある。**図 3.21** の化合物半導体の系統図からわかるように III–V 族からは II–IV–V_2 族半導体が，II–VI 族からは I–III–VI_2 族半導体が導き出されることがわかる。しかし，III 族と V 族，II 族と VI 族の元素のすべての組合せで化合物半導体を作ることができるわけではなく，安定な化合物半導体の形成には構成する元素の格子定数の値が近いことが重要である。格子定数が近いほど化学的安定性が高い。化合物半導体太陽電池材料の特徴を以下にまとめる。

① ほとんどが直接遷移型半導体であるので，間接遷移型半導体の Si に比べてエネルギーロスが少なく，効率的に光遷移ができる。

② 吸光係数が大きい。図 2.18 で見たように吸光係数も Si に比べ 1 桁から 2 桁高いものが多い。そのため半導体膜を薄くできコストメリットが大きい。結晶 Si 太陽電池の膜厚は 200 ～ 300 μm 程度であるのに対して，化合物半導体太陽電池の膜厚は約 1/100 の 2 ～ 3 μm 程度の膜厚でよい。

③ バンドギャップが 1.4 eV に近く，太陽光利用が効率的で性能の高い太陽電池が作製できる。

④ GaAs や InP などのように，電子や正孔などのキャリヤ移動度が，Si に比べ約 5 倍も大きく太陽電池材料として優れている。

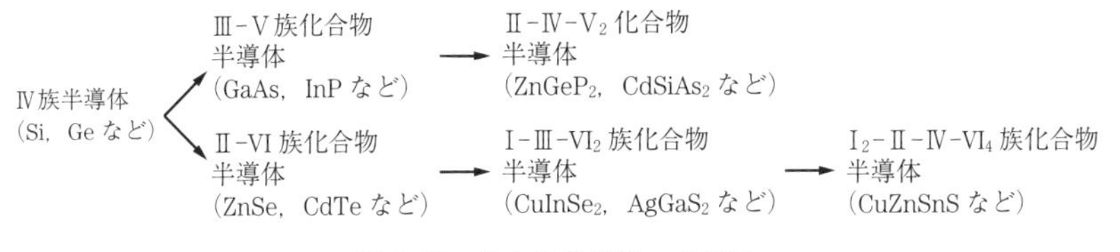

図 3.21 化合物半導体の系統図

3.3.1 CdTe 太陽電池（略称：カドテル太陽電池）

CdTe（テルル化カドミウム）は硫化亜鉛（ZnS）を主成分とする閃亜鉛鉱と同様の結晶構造を持ち，ZnSe と同様 II-VI 族化合物半導体である。閃亜鉛鉱構造はダイヤモンド構造と同様な構造であり，四面体の中心元素が S で，四つの頂が Zn で占められている。**図 3.22** に CdTe 太陽電池の構造を示す。基本的には n 型半導体 CdS 層と p 型半導体 CdTe 層のヘテロ接合太陽電池であり，ガラス基板／透明導電膜／n-CdS 膜／p-CdTe 膜／裏面カーボン電極で構成されるスーパーストレート型の構造を持つ。CdS はバンドギャップ 2.4 eV であり 517 nm より短波長の太陽光のみを吸収するため，太陽電池の窓層の役割も果たす。窓層とは透明導電膜から入射した光のうち光吸収層に有効な光を透過させる役割を行う層である。CdTe はバンドギャップ 1.5 eV であり 517 nm から 827 nm までの可視光・赤外光を吸収する光吸収層として働く。ガラス基板の外表面には MgF_2 などの反射防止膜を付ける。

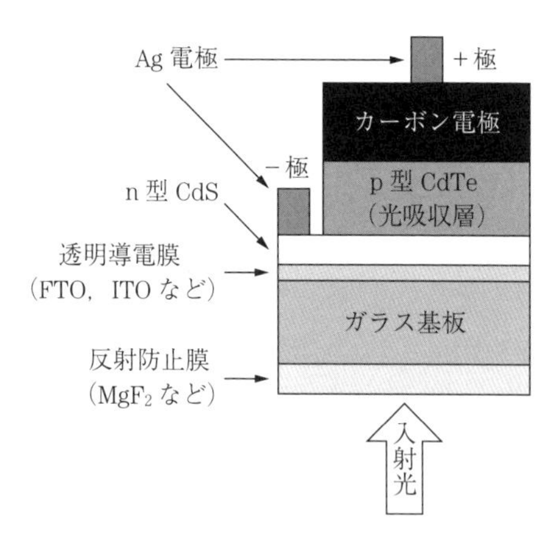

図 3.22　CdTe 太陽電池の構造

CdTe 太陽電池の製造プロセスは，まずガラス基板に透明導電膜（TCO 膜）であるフッ素（F）をドープした SnO_2 膜（FTO 膜）や ITO 膜を CVD 法やスパッタリング法で形成する。つぎに，その上に 100 nm 程度の CdS 層を化学浴析出（chemical bath deposition，CBD）法などで製膜し，さらに 3 ～ 10 μm の

CdTe 層を近接昇華（close-spaced sublimation, CSS）法や気相輸送（vapor transport deposition, VTD）法で堆積させる。基板温度は 400 ～ 600 ℃で行う。CdTe 膜には $CdCl_2$ 処理を行う。$CdCl_2$ 処理は結晶粒界の不活性化，結晶粒子の増大化，CdS/CdTe 界面の混晶化などにより，V_{oc}，J_{sc}，FF の向上に効果がある。つぎに，Cu をドープしたカーボン電極を塗布したあと 350 ℃で加熱して Cu を CdTe 層に拡散させる。Cu の拡散により太陽電池性能がさらに向上する。最後に CdS 層とカーボン電極に Ag 電極を取り付けて完成となる。

CdTe 太陽電池は，化合物半導体太陽電池の中では最も多く生産販売されている。表 3.1 に示すように 2016 年度の生産量は 3.1 GW で太陽電池全体の生産量のうち 3.8 %のシェアを占め，アメリカの First Solar 社がほぼ独占的に製造，販売を行っている。First Solar 社は半導体層の製膜には VTD 法を用いている[65]。CdTe 粉末をキャリヤガスで炉内に導入し CdTe を昇華させる。生成した CdTe 蒸気はスリットを経て，加熱されたガラス基板に吹き付けられる。製膜速度は 1.5 m^2/min と高速であり，ガラス基板を製造装置に投入後約 2.5 時間でモジュールが完成するという。製造コストもきわめて安価な 0.67 $ /W (2012 年）を達成，2017 年までに 0.4 $ /W を達成することを目標とし，2018 年下旬に販売を開始するとしているシリーズ 6 モジュールではさらに 40 %コスト削減するとしている[66]。**図 3.23** に First Solar 社の CdTe 太陽電池モジュールの写真を示す[67]。研究用の 1.1 cm^2 セルでは 2015 年に変換効率 21.0 %（η = 21.0 %，V_{oc} = 0.876 V，J_{sc} = 30.3 mA/cm^2，FF = 0.794）が報告され，2016 年のプレス発表では研究用セルで変換効率 22.1 %と結晶 Si 太陽電池とほぼ同様の性能が報告された[68]。同社の製品は研究用セル同様に年々効率向上を達成しており，シリーズ 6 モジュールの効率は 17.0 %以上とされている[66]。なお，同社モジュールは半導体の特性に起因して結晶 Si 太陽電池と比べて高温・多湿下でより多くのエネルギー収量が得られるのが最大の特徴である。

その製造コストは安価で，性能も比較的よいため，欧米諸国を中心として世界的に販売量が伸びている。しかし，日本では鉱山から排出された Cd イオンが富山県神通川流域で起きたイタイイタイ病の原因物質と断定され，そのよう

フレームレスの表裏をガラスで張り合わせた
最新型モジュール
（大きさ：60 cm×120 cm，重さ：12.0 kg）

図 3.23　First Solar 社の CdTe 太陽電池モジュールの写真と太陽光発電所への設置例
〔提供：First Solar 社または First Solar 社 Datasheets/PD-5-401-03_Series3Black-4.ashx より〕

な有害物質を使用している太陽電池は環境負荷の点で懸念があるため，使用されていなかった。ヨーロッパでも RoHS（ローズ）指定という，電子・電気機器における特定有害物質の使用制限に関する指令があり Cd の使用は禁止されているが，CdTe 太陽電池を製造する First Solar 社は，太陽電池の生産から，取り付け，破損時の回収，および原料のリサイクルと，市民の生活の場に Cd が流失しないよう太陽電池のリサイクルシステムを確立すると約束したことにより，Cd 使用禁止のヨーロッパでの販売が認められた。2013 年に First Solar 社は日本法人を設立し，日本での太陽電池販売も進めている。現在までに日本国内では，北九州市，宇都宮市，那須町などに 2 MW 程度の太陽光発電所を 8 ヵ所建設済である。現在，世界では First Solar 社以外に，アメリカの GE 社や中国の企業なども CdTe 太陽電池の生産に取り組んでいる。日本では 1990 年代末から松下電池工業（現パナソニック・エナジー）が研究開発に取り組んでいたが，前述した環境への配慮から完全に撤退した。

CdTe 太陽電池の特徴を以下にまとめる。

① 直接遷移型でエネルギー損失がなく，吸光係数もSiより1桁以上大きく，薄膜化が可能である。

② 太陽電池としては最適に近い1.5 eVのバンドギャップを持ち，簡単な製造プロセスで高速作製が可能で，低コストな薄膜太陽電池となる。

③ モジュールの変換効率も結晶Si太陽電池に迫っている。

④ エネルギー・ペイバックタイムは1年と最短。単結晶Si太陽電池は3年程度。エネルギー・ペイバックタイムとは，太陽電池を作製するに必要なエネルギーを，太陽電池で生産するエネルギーで回収するために必要な時間で，短いほうが省エネや製造コストの観点から有利である。

⑤ 欧米では低コスト太陽電池として急速に生産量を伸ばしている。

⑥ 日本ではCdが有毒金属であることなどから販売が遅れている。また研究開発も行われていない。

3.3.2 CIGS太陽電池

CIGS（シーアイジーエス）とは銅（Cu），インジウム（In），ガリウム（Ga），セレン（Se）の4元素からなる化合物半導体の略称であり，正しい組成式は$Cu(In_{1-x}Ga_x)Se_2$で表される。$CuInSe_2$で表されるCIS系化合物半導体である。**図3.24**に示すようなカルコパイライト構造を持ち，In骨格の一部がGaに置換されている。換言すれば，$CuInSe_2$（バンドギャップE_g=1.01 eV）と$CuGaSe_2$（E_g=1.68 eV）の混晶であり，xの値によりバンドギャップを1.0 eVから1.68 eVの間で制御でき，太陽電池で最適なE_g=1.45 eVに近付けることができる。図3.21に示すようにCIS系化合物半導体はII-VI族化合物半導体の系列であるI-III-VI_2族化合物半導体に属している。CGIS太陽電池はp型半導体のCIGSとn型半導体のCdSとZnOのヘテロ接合で作られている。**図3.25**にCIGS太陽電池の一般的な構造を示す。青板ガラス（ソーダライムガラス，SLG）基板/モリブデン（Mo）裏面電極/p型CIGS光吸収層/n型CdSバッファ層（界面層）/ZnO窓層（高抵抗バッファ層）/透明電極層（ITO，ZnO：Alなど）/グリッド電極で構成されるサブストレート型構造となってい

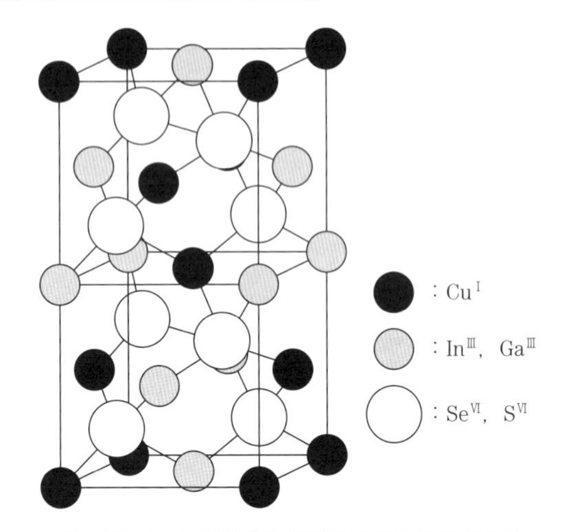

図 3.24　CIGS 系化合物半導体の基本構造であるカルコパイライト型構造

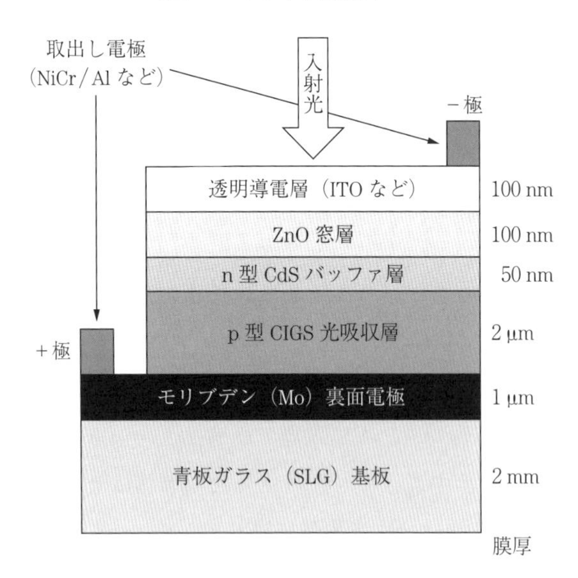

図 3.25　CIGS 太陽電池の構造

る。太陽光は上部の ITO 透明導電膜（－極）を経て太陽電池に入射する。ITO 導電膜とは酸化インジウム（InO_2）に酸化スズ（SnO_2）を添加した化合物で，高い透明性と電導性を具備した膜である。入射した太陽光は，窓層と呼ばれる

n 型半導体の ZnO を透過し，バッファ層である薄い n 型 CdS 層を経て，光吸収層である n 型半導体の CIGS 層に入射する。そこでバンドギャップ励起により電子と正孔が生成し，電荷分離の後，各電極へ集電される。各層のバンドギャップはそれぞれ ZnO（3.37 eV，（吸収端は 367 nm）），CdS（2.42 eV（512 nm）），CIGS（1.1 eV（1 127 nm））なので，CIGS は 520 nm から 1 130 nm の可視光や赤外光を吸収することができる。

CIGS 太陽電池の作製法を説明する。まず，Na を含む青板ガラス（膜厚 2 mm 程度）上に裏面電極となる Mo をスパッタ法により 1 μm の膜厚で堆積させる。Na は CIGS 太陽電池の性能向上に必須要素であり，青板ガラスから Mo を経由して CIGS 層に拡散し，CIGS 層の質を高める役割をする。続いて，光吸収層である p 型 CIGS 層を Mo 層上に約 2 μm 積層する。Ga と In の割合は，3：7 程度で高効率が達成されている。CIGS 層の形成は Cu-In-Ga などの合金をスパッタした後セレン化する方法や，CIGS の多源蒸着法により作製されている。

つぎに，バッファ層として化学浴析出（CBD）法により CdS を 50 nm 程度析出させる。バッファ層とは，格子定数が大きく異なる層を連続して積層しなくてはならない場合に，格子定数差を緩衝する（バッファ）ために 2 層間に挿入される非常に薄い層のことで，一般には 2 層間の中間的な性質をもつ材料で，通常の積層温度より低い温度で積層する。CdS は有害金属 Cd を含むこと，また窓層としては CIGS 層への太陽光入射を制限するので ZnO，ZnS，$Zn(OH)_2$ の混合物である Zn（O，S，OH）や InS がバッファ層として用いられる場合もある。このバッファ層のもう一つの重要な役割は CIGS の Cu の空孔欠陥サイトに Cd や Zn が置換することにより CIGS 表面を n 型にすることにある。

さらに，この上に窓層である高抵抗バッファ層の ZnO を 100 nm 程度の膜厚でスパッタ法や MOCVD（有機金属 CVD）法で積層する。高抵抗バッファ層の役割は，低抵抗の半金属相から電流が漏れて流れないようにすることであり，これにより高い V_{oc} が得られる。最後に，透明電極として ITO や ZnO：Al を

100 nm 程度の膜厚でスパッタ法や MOCVD 法で積層させ，必要ならばさらに Al などの金属電極を取り付ける。

CIGS 太陽電池は，表 3.1 に示したように 2016 年度は，世界で 1.3 GW 生産されており，全太陽電池生産量の 1.6 %を占める。国内企業ではソーラーフロンティア社が生産販売を行っており，2011 年に，年産 900 MW 規模の工場を建設して以来，CIGS 太陽電池の生産販売の世界の主力企業となっている。**図 3.26** にレーザースクライブ法を利用した連続生産プロセスで作製されているモノリシック集積型の CIGS 太陽電池モジュールの外観と仕様を示す[69)]。CIGS 太陽電池の変換効率向上については世界で競争が激しく，ソーラーフロンティア社は 2015 年に 7 mm 角（0.5 cm^2）の研究用 CIGS シングルセルで 22.3 %の世界最高性能を達成したことを報告している。結晶 Si 太陽電池，HIT 太陽電池の最高性能 25.6 %（12 cm 角）には及ばないが，その値が近付いてきているので今後の性能向上が期待される。また，環境にやさしい Cd フリーの CIGS 太陽電池でも 7 mm 角で 19.7 %を報告している。30 cm 角のサブモジュールでは変換効率 17.8 %，90 cm×120 cm のモジュールでは変換効率 15.8 %（$J_{sc}=32.5$ mA/cm^2，$V_{oc}=116.6$ V，$FF=0.79$）を達成している。

CIGS 太陽電池の特長をつぎにまとめる。

①　直接遷移型でエネルギーロスがなく，吸光係数も図 2.18 に示したよう

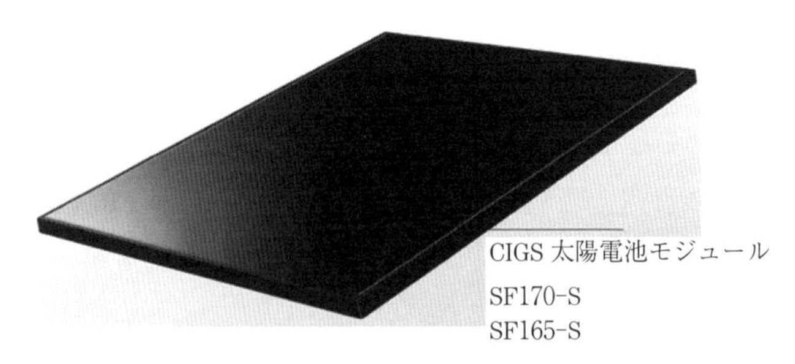

アルミフレームに入り表面が白板半強化カバーガラスで保護された最新型モジュール（大きさ：97.7 cm×125.7 cm，重さ：20.0 kg）

図 3.26　ソーラーフロンティア社の CIGS 太陽電池の外観と仕様〔提供：ソーラーフロンティア社〕

に太陽電池材料の中で最高である。したがって，CIGS 光吸収層としては薄膜の 2 μm で十分であり，結晶 Si 太陽電池の膜厚は 200 ～ 300 μm 程度に対して，3 μm 程度の薄膜となる。

② レーザースクライブ法などによるパターニングが可能であり，連続生産による低コストで高性能な薄膜太陽電池が作製できる。

③ In と Ga または Se と S の比を変えることで太陽電池材料のバンドギャップを多様に制御できるバンドエンジニアリングが可能である。そして，太陽電池に最適なバンドギャップ 1.4 eV に合わせることができる。

④ 結晶 Si 太陽電池と異なり，結晶粒界が再結合中心とはなっていない。したがって，CIGS 層の製膜が容易である。

⑤ 太陽光暴露による劣化がなく信頼性が高い。市販品は 20 年の性能保証がされている。また，耐放射線特性も高く宇宙用太陽電池としての使用も可能である。

⑥ ポリイミド膜やステンレス基板を用いたフレキシブル太陽電池も作製可能である。

⑦ エネルギーペイバックタイムも 1.4 程度と，結晶 Si 太陽電池より短い。薄膜で安価な CIGS 太陽電池は Si 太陽電池につぐ環境に適合した第 2 世代太陽電池として今後広く使われていくであろう。

3.3.3　III–V 族太陽電池

GaAs 太陽電池，InP 太陽電池，それらの多接合太陽電池など，III–V 族に属する太陽電池は 2015 年に 18 MW 程度が生産・設備導入され，過去四年の年間の平均生産・設備導入量は 76 MW であると報告されている。III–V 族太陽電池は多接合集光型太陽電池や人工衛星用に使用される宇宙用太陽電池として実用化されている。

III–V 族太陽電池の特長を以下にまとめる。

① 太陽電池としての最適なバンドギャップ 1.4 ～ 1.5 eV を持ち，単一セルで高い変換効率が期待できる。

② 直接遷移型の半導体でエネルギーロスがなく，吸光係数が大きいため薄膜で高い変換効率を持ち，薄膜ゆえ生産コストも低減できる。

③ 高い耐放射線特性を持つため，人工衛星用などの宇宙用太陽電池として優れている。

④ 耐熱性もよく，高温作動時でも太陽電池性能の低下が少ない。したがって，集光型太陽電池としても優れている。

⑤ 化合物の組成変化により種々のバンドギャップを持つ半導体が合成でき，それらを組み合わせることにより広帯域で高性能な多接合太陽電池が作製できる。

〔1〕 **GaAs および InP 太陽電池**　　GaAs と InP は，ともに閃亜鉛鉱構造を持ちバンドギャップがそれぞれ，1.43 eV，1.34 eV である。また，吸光係数は図 2.18 に示すように InP が GaAs より大きいので，より薄膜にできる。これらの化合物半導体膜は液相エキタピシー（liquid phase epitaxy，LPE）法，分子線エピタキシー（molecular beam epitaxy，MBE）法や**図 3.27** の装置に示す有機金属気相成長（metal organic chemical vapor deposition，MOCVD）法などを用いて作製される[70]。MOCVD 法は研究用から産業用まで幅広く使用され

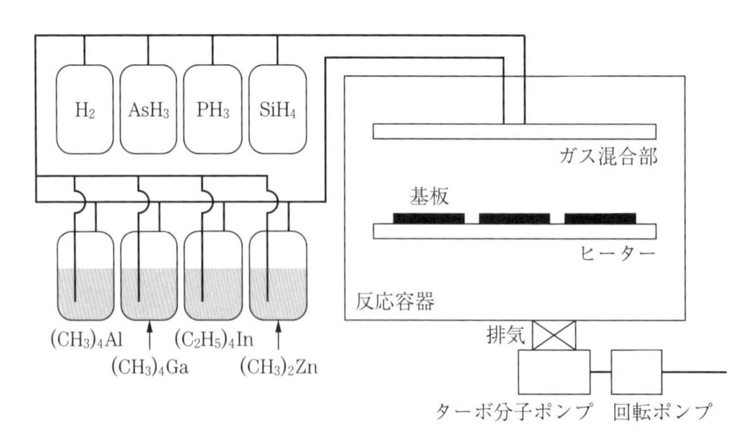

図 3.27　有機金属気相成長法（MOCVD）装置
〔出典：小長井 誠，山口真史，近藤道雄 編著：太陽電池の基礎と応用，培風館，p.192（2010）〕

ているので，これについて説明する。GaやInなどのIII族元素と，そのp型ドーパントとなるZnは，それぞれトリメチルガリウム（$(CH_3)_3Ga$：TMGa），トリエチルインジウム（$(C_2H_5)_3In$：TEIn），ジメチル亜鉛（$(CH_3)_2Zn$）などの液体有機金属化合物を原料として用いる。V族のAsやP，そのp型ドーパントであるSiは，それぞれAsH_3，PH_3，SiH_4などの気体水素化物を原料として用いる。これらの原料は水素（H_2）をキャリヤガスとして，700℃程度に加熱されたGaAsやGe基板上に運ばれ，分解してメタンガスを遊離しながらGaAsやInPの薄膜を形成する。分解ガスはターボ分子ポンプ（TMP）やロータリーポンプ（RP）を用いて排気される。pn接合の形式はホモ接合（例えば，n^+-p-GaAs），ヘテロフェイス接合（例えば，p-AlGaAs-p-n-GaAs）やダブルヘテロ接合（例えば，p-InGaP-p-n-GaAs-n-InGaP），傾斜バンドギャップ型接合（例えば，p-AlGaAs-n-GaAs）などが用いられている。

住友電工はダブルヘテロ接合の25 cm^2のGaAS太陽電池で変換効率26 %を達成し，アメリカのAlta Devices社は1 cm^2セルの薄膜GaAs太陽電池で変換効率28.8 %と，理論変換効率に近い高い性能を達成している。単結晶InP太陽電池では4 cm^2セルで変換効率22.1 %が達成されている。InP太陽電池は，宇宙環境下での使用に要求される耐放射線特性が，GaAs太陽電池より高く，人工衛星用の電源としての使用に向いている。このように高性能で有利な点を多く持つGaAs太陽電池，InP太陽電池であるが，製造コストがCdTeやCIGS太陽電池に比べてかなり高価であることやGa，Inはレアアースの中でも埋蔵量が少ないこと，有毒元素のAsを使用することが弱点と考えられる。

〔2〕 **多接合型太陽電池** 前述したようにIII-V族化合物半導体は，その組成を変化させること，すなわち化合物半導体の格子定数を変えることによりバンドギャップを制御できる。**図3.28**に示すようにAlPの2.48 eVからInSbの0.18 eVまでのバンドギャップを持つ化合物半導体を合成することが理論上可能となる[71)]。それゆえ，バンドギャップの異なるいくつかの半導体薄膜材料を合成し，それらを積層することにより，広帯域で高性能な多接合太陽電池を作製することができる。**図3.29**は，多接合型太陽電池の理論変換効率と接合

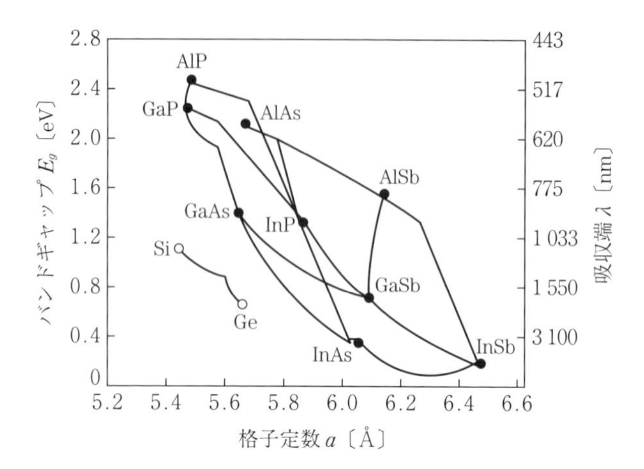

図 3.28　化合物半導体材料のバンドギャップと格子定数の関係

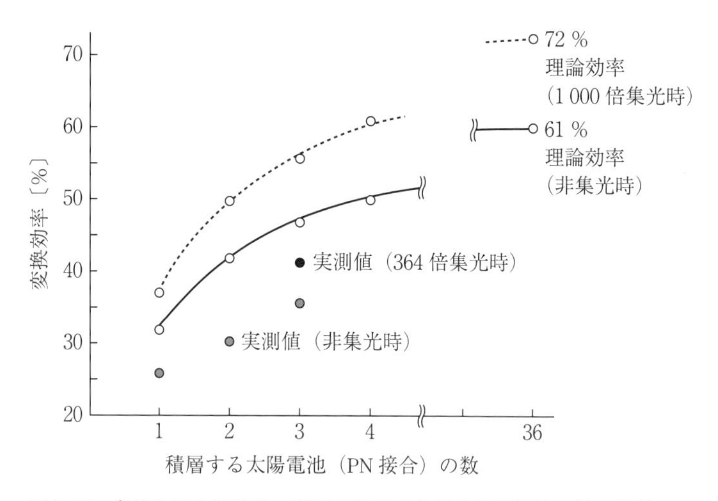

図 3.29　多接合型太陽電池の理論変換効率と接合太陽電池の数の関係
〔出典：高本達也：化合物太陽電池，シャープ技報，100，p.28 (2010)〕

太陽電池の数の関係を示す[43]。これによると 2 接合型太陽電池では 42 %，3 接合型太陽電池では 47 %，36 接合型太陽電池では 61 %の理論変換効率が得られることになる。シャープの鷲尾と十楚は 2013 年に，**図 3.30** に示す $In_{0.48}Ga_{0.52}P$ トップセル (E_g＝1.88 eV，660 nm まで吸収)，GaAs ミドルセル

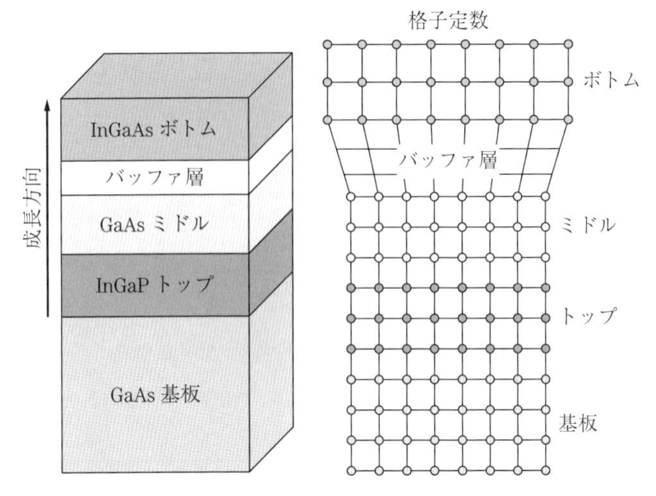

図 3.30 3接合逆積み変成型（IMM 型）太陽電池セルの構造
〔出典：鷲尾英俊，十楚博行：化合物太陽電池，シャープ技報，107，p.32（2014)〕

(E_g = 1.42 eV，873 nm まで吸収)，バッファ層，$In_{0.28}Ga_{0.72}As$ ボトムセル（E_g = 1.0 eV，1 240 nm まで吸収）からなる 1 cm 角の 3 接合逆積み変成型（inverted-metamorphic，IMM 型）太陽電池セルで変換効率 37.9 %（η = 37.9 %，J_{sc} = 14.27 mA/cm^2，V_{oc} = 3.07 V，FF = 0.867）を達成している[72]。逆積み変成型セルとは，太陽電池として使用するときは上下をひっくり返して InGaP トップ層を上に InGaAS ボトム層を下とする構造を持つ太陽電池である。この太陽電池セルはアメリカの Spectrolab 社の 5 接合太陽電池の変換効率 38.8 %に次いで世界第 2 位の性能を誇る。

〔3〕 **集光型太陽電池**　集光型太陽電池（concentrated photovoltaics, CPV）とは，集光した太陽光を照射することにより，より少ない面積の太陽電池で多くの電力を得ることを目的とした太陽電池のことをいう。高価で大面積基板が得られにくい III-V 族太陽電池は，集光型太陽光発電に適している。高価な太陽電池材料の使用を低減でき，省資源・低コスト化が期待できるからである。太陽光はフレネルレンズや反射鏡を用いて 1 000 倍程度まで集光する。図 3.29 に示すように，太陽光を 1 000 倍集光した条件では，2 接合，3 接合，

36接合太陽電池では変換効率がそれぞれ50 %，56 %，72 %まで向上する。シャープは，前述した図3.30に示す4 mm角の3接合逆積み変成型（IMM型）太陽電池セルで300倍の集光下で変換効率44.4 %を達成した。**図3.31**にそのI-V（電流-電圧）特性を示す[72]。性能は世界の太陽電池の公的認証機関の一つであるドイツ・フラウンホーファー協会・太陽エネルギーシステム研究所（Fh-ISE）で評価されたものである。また2014年12月にはFh-ISEが4接合太陽電池で500倍の集光下で変換効率46 %を達成した。これがいまのところ世界最高性能の太陽電池である。測定は，世界の太陽電池の公的認証機関の一つである日本の産業技術総合研究所（産総研，AIST）で行われた。

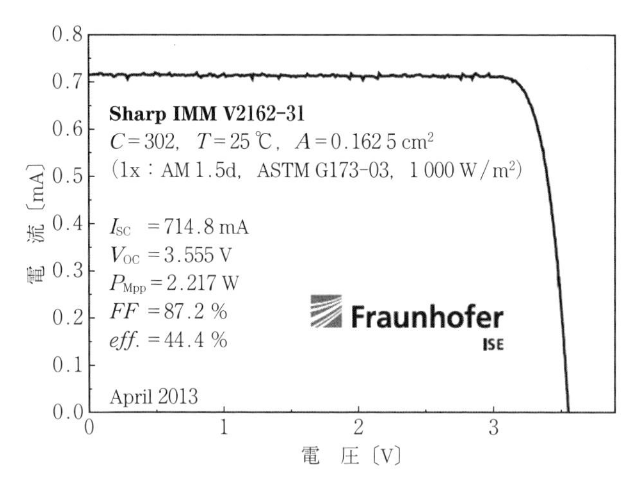

図3.31 4 mm角の3接合逆積み型（IMM型）太陽電池セルで300倍の集光下で性能（I-V曲線）
〔出典：鷲尾英俊，十楚博行：化合物太陽電池，シャープ技報，107，p.32（2014）〕

では，実用化されている集光型太陽電池とはどのようなものだろうか。**図3.32**に住友電工が宮崎大学に納入した集光型太陽光発電システム（7.5 kW，31 m²）の概念図を示す[73]。太陽光はフレネルレンズを通して集光され多接合太陽電池に照射される。5 cm角の平板フレネルレンズ192個が集まったアレーで1個のモジュール（形状60 cm×80 cm×10 cm）が作られ，64枚のモジュー

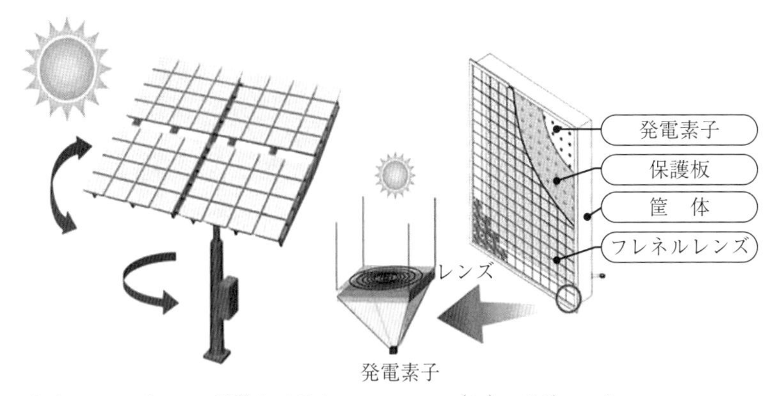

（a）64 モジュール搭載システム　（b）モジュール

図 3.32　集光型太陽光発電システムの概念図
〔出典：住友電工，2014 年プレスリリース〕

ルでシステムは構成されている。太陽光の向きに合わせてモジュールの面を動かす太陽光追尾装置が架台に取り付けられているため，日射量を最大限に取り込むことができる。モジュールの変換効率は直達太陽光の 0.7 Sun で 30.1 % であり，発電量は単位面積当り Si 太陽電池の 2 倍の発電量が得られる。**図 3.33** に平板ではなくドーム型のフレネルレンズを持つ大同特殊鉱の集光型太陽光発電システム（14 kW，70 m^2）の写真を示す[74]。

図 3.33　ドーム型のフレネルレンズを持つ集光型太陽光発電システム（14 kW，70 m^2）
〔写真提供：和歌山エコライフ，モジュール：大同特殊鋼　集光型モジュール DACPV_280W25〕

〔4〕 **宇宙用太陽電池**　　宇宙で使用される太陽電池に求められる仕様は，高価でも高性能であること，耐放射線特性が高いこと，軽いことなどが求められる。III-VI 族系多接合太陽電池は，この仕様に最も適している太陽電池であ

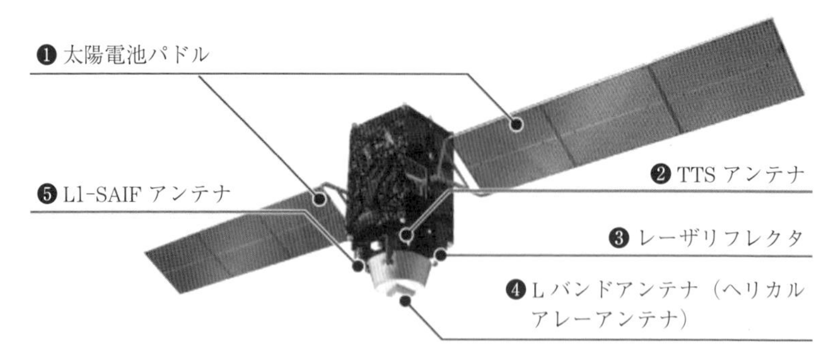

図 3.34　準天頂衛星初号機「みちびき」の外観
〔出典：JAXA WEB サイト〕

る。**図 3.34** に位置情報を正確に測るための JAXA の準天頂衛星初号機「みちびき」の外観を示す[75]。太陽電池は太陽電池パドルに納められている。太陽電池パドルとは太陽電池とその収納容器を指す。ロケット内では折り畳まれた状態で収納され，宇宙空間では広く展開される。使用される太陽電池は約 10 cm ×5 cm サイズで厚さが 150 μm の 3 接合 InGaP/InGaAs/Ge 太陽電池である。アルミニウムのハニカムパネルの上にこの 3 接合電池が集積化されている。太陽電池の変換効率は 2 cm 角サイズ，宇宙空間の太陽光（AM0）で約 29 %，放射線照射後で劣化が観測され約 25 %とのことである。近年，**図 3.35** に示す薄

図 3.35　薄膜フレキシブル型の宇宙用太陽電池
〔出典：鷲尾英俊，十楚博行：化合物太陽電池，シャープ技報，107，p.32（2014)〕

膜フレキシブル型の宇宙用太陽電池が開発されている。3接合逆積み型（IMM型）太陽電池セルで膜厚は20 μmと従来のセルの1/7以下と軽量である。AM0での変換効率は31 %，放射線照射後で約27 %とのことである[72]。将来的には4接合セルで40 %，集光時で50 %の変換効率が期待されるという。

3.4　フレキシブル太陽電池

結晶Si太陽電池やガラス板や金属板を基板とする従来の太陽電池は，比較的重く，住宅の屋根の上やビルの屋上，太陽光発電所などのしっかりとした架台に設置して使用することに適している。しかし，軽くてしかも曲げても割れないフレキシブルな太陽電池があれば，太陽電池の用途はもっと広がる。BIPV（building integrated photo voltaics）としてビルの壁面や曲面を持つアーケード街の屋根や車体などの曲面にも設置が可能となり，また携帯電話やパソコンなどのモバイル機器用電源として，さらには折り畳み式の移動用電源としての利用も可能となる。アモルファスSiなどの薄膜太陽電池は，基板として耐熱性のあるポリイミドやポリエチレンナフタレート（PEN）などのフレキシブル プラスチック フィルム基板を用いるとRoll-to-Rollプロセスで迅速にフレキシブル太陽電池が製造できる。三菱化学はGioaの名前でa-Si太陽電池を販売している。性能は公表されていないが，ガラス基板型a-Si太陽電池の性能は3.2.3項〔3〕で見てきたように光劣化後で変換効率8 %前後であり，フレキシブル太陽電池の性能も7～8 %程度と考えられる。

図3.36に各種フレキシブル太陽電池を示す。FWAVE（エフウェイブ）社のSi系フレキシブル太陽電池は，富士電機の技術を引き継いだもので，α-Si/α-SiGe型で変換効率は8 %程度，α-Si/微結晶（mc）-Si型で変換効率12 %程度と報告されている。一方，フレキシブルCIGS太陽電池は性能が高く，Global Solar Energy社の“Power Flex”は，変換効率12.5 %程度，スウェー

（a）　FWAVE 社のフレキシブル Si 系太陽電池〔提供：FWAVE 社〕

（b）　Global Solar Energy 社のフレキシブル CIGS 太陽電池 “Power Flex”〔提供：Global Solar Energy, Inc.〕

図 3.36　各種フレキシブル太陽電池

デンの Midsummer 社の 156 mm 角のミニモジュールで変換効率 16.2 %，ミニセルでスイスの EMPA（連邦材料試験研究所）が変換効率 20 %を達成している。

4 これからの太陽電池

4.1 太陽電池の課題

4.1.1 太陽光発電の普及

太陽光発電は，燃料費の要らないクリーンな発電方法であるが，その住宅への普及はどの程度だろうか。2014年の総務省統計局のデータによると，日本全体で住宅数が約5 200万戸，そのうち太陽光発電システムを備えている住宅が157万戸とあり，約3％の住宅で太陽光発電システムが利用されている[76]。2016年末には200万戸以上となっているが，数としての普及はまだまだ少ない気がする。しかし，2012年7月1日から再生可能エネルギー電力の固定価格買取制度（FIT）が開始されて以来，商業用のメガワット（MW＝1 000 kW）級の太陽光発電所・メガソーラーが数多く建設されている。メガソーラーは2016年12月現在で，日本全国の約2 607ヵ所で稼働し，累計8.3 GWの発電設備容量となっている。住宅用（10 kW未満），産業用（10 kW以上1 000 kW未満），メガソーラー（1 000 kW以上）を含めた国内の全太陽光発電設備の累積設置容量は2016年末で42.0 GW[77]と，FIT開始前の累積設備容量の約5 GWに比べ大きく増加している。

では，日本の年間発電量に対する太陽光発電の割合はどれくらいだろうか。表1.7に示したように2015年度の日本の電源構成は，火力発電が一番多く，その燃料内訳は，天然ガス（LNG）が39.9％，石炭が32.0％，石油が7.8％

となっている。一方，再生可能エネルギーによる発電は 14.4 %で，その内訳は水力が 8.8 %，太陽光が 3.3 %，バイオマス 1.6 %，風力 0.5 %となっている。太陽光発電の占める割合が全体の 3.3 %とは，21 世紀の主要な電力源として期待されている太陽光発電としては少なすぎる気がする。太陽光発電の導入が十分進んでいない課題は何なのだろうか。

4.1.2 発電コスト

資源エネルギー庁が 2015 年 11 月に発表した電気料金の水準資料による 2014 年の「電灯」料金は 25.51 円/kWh,「電力」料金が 18.86 円/kWh であった[78]。「電灯」料金が一般家庭用の電力料金を示し，「電力」料金が工場などで使用される業務用電力料金を示す。2015 年 4 月 1 日の資源エネルギー総合調査会・発電コスト検証ワーキンググループで公開された 2014 年度の電源別発電単価を見ると，**表 4.1** に示すように原子力による発電単価が 10.1 円/kWh と一番安く，ついで石炭火力が 12.3 円/kWh，LNG（天然ガス）火力が 13.7 円/kWh，石油火力が最も高く 30.6 円/kWh となっている。一方，再生可能

表 4.1　日本の電源別発電比率と発電単価

	電源別発電比率〔%〕*		発電単価〔円 /kWh〕**
化石エネルギー	84.6		
天然ガス		39.9	13.7
石　炭		32.0	12.3
石　油		7.8	30.6
その他		4.9	
原子力エネルギー	0.9		10.1
再生可能エネルギー	14.4		
水　力		8.8	11.0（一般水力）
太陽光		3.3	24.2（メガソーラー） 29.4（住宅）
バイオマス		1.6	12.6（混焼）
風　力		0.5	21.6（陸上）
地　熱		0.2	16.9
総　計	99.9		

*　：2015 年度の実績
**：2014 年度の試算（資源エネルギー総合調査会資料，2015.4.1）

エネルギー電力では，一般水力が 11.0 円/kWh，地熱発電が 16.9 円/kWh，風力発電が 21.6 円/kWh，太陽光発電（メガソーラー）が 24.2 円/kWh，太陽光発電（住宅）が 29.4 円/kWh となり，太陽光発電が最も高価となっている[79]。太陽光発電のコストは以前に比べ，石油火力発電の 30.6 円/kWh とほぼ同等まで安価となってきてはいるが，他の発電と比べ依然として高価であることがわかる。表 4.1 からわかるように電力の約 72 %が安価な石炭火力と天然ガス火力による発電となっているので「電力」料金が 18.86 円/kWh，「電灯」料金が 25.51 円/kWh になっているものと考えられる。そのため，太陽光発電が主流の電力源となるためには，経済的視点から現在の太陽光発電の単価 24.2 ～ 29.4 円/kWh を，石炭火力や天然ガス火力の 12.3 ～ 13.7 円/kWh 並みの発電コストに近付くことが求められている。

太陽光発電の発電単価が高価であることの理由は，太陽電池を含む太陽光発電システムそのものが高価であることが主要因であるが，そのほかに太陽電池の設備利用率が他の発電方法に比べ少ないこと，設備の耐用年数が少ないことも挙げられる。太陽光発電システムの設備利用率は 12 ～ 14 %と，LNG 火力や石炭火力の 70 %に比べてかなり少ないことは，夜間発電できないことや雨天時などに発電力が低下することなど，天候に影響されやすいからである。また，設備稼働年数も屋外に設置されるため，火力発電所などの屋内施設の 40 年に比べ 20 年と少なくその分，発電単価に反映されるためである。

4.1.3 発電コスト低減のための研究開発

太陽光発電による発電単価が，天然ガスや石炭による火力発電による発電単価に比べて，約 2 倍高いことが課題となっているが，この課題を解決するための研究開発が進められている。発電コストの低減には，二つの方法が考えられる。一つは現行の太陽電池の性能を向上させることである。性能が高くなれば発電量が増え，その分，発電単価が低下する。同様に，稼働年数が長くなれば，発電単価が低下する。現在，太陽電池の稼働率を 20 年としているが，稼働率 40 年になれば発電コストは半減する。また，太陽電池の製造コストを下げることができれば，発電単価は低減する。

もう一つの方法は，既存の太陽電池とは異なる，新たな材料や新たな製造法，新たな概念で発電する高性能な太陽電池の開発である。例えば，結晶Si系太陽電池は，結晶Siの製造の還元・溶融過程で1 000℃以上の高熱のエネルギーが必要となる。また，CIS系太陽電池やIII-V族系多接合太陽電池では超高真空設備を必要とする。これに対して，安価な材料を用い，低温・大気圧下で簡単な装置を用いて製造できれば，太陽電池の製造コストは格段に低減できる。

日本では太陽電池の研究開発は，長期にわたり国が支援している。1973年のオイルショックの後の1974年に通商産業省（現，経済産業省）・工業技術院の「サンシャイン計画」において太陽光発電の研究開発が開始された。その後，1980年に新エネルギー・産業技術総合開発機構（New Energy and Industrial Technology Development Organization，NEDO）が設立され，現在まで太陽光発電システムの研究開発が継続されている。この間の研究開発技術を基に，日本の太陽電池産業の主要企業であるシャープ，京セラ，カネカ，東芝，三菱電機などが太陽電池の製造販売を開始したといっても過言ではない。

NEDOは2004年に，これからの太陽電池の研究開発のロードマップ「PV2030」を発表した。2030年までの太陽光発電の研究開発の道筋や目標を示したものである。2009年には，さらに研究開発を前倒ししたロードマップ「PV2030＋」が発表され，そして2014年には太陽光発電の研究開発戦略「NEDO PV Challenges」が発表されている。太陽光発電が電力の主力となるためである。これまでの各社の研究開発努力により，太陽光発電による発電コストは大幅に低下してきたが，火力発電や原子力発電による発電コストと競争するためには，より一層の発電コストの低下が必要となっている。

図4.1に，研究開発戦略で示された，非住宅用システム（メガソーラー，太陽光発電所）の発電コスト目標と低減シナリオを示す[80]。これによると，太陽電池の効率向上と製造コスト低減の両立で，2013年時のメガソーラーによる発電コスト23円/kWh（表4.1に掲載の2014年のメガソーラーの電力単価24.2円/kWhに相当）を2020年までに，火力発電などによる業務用電力価格並

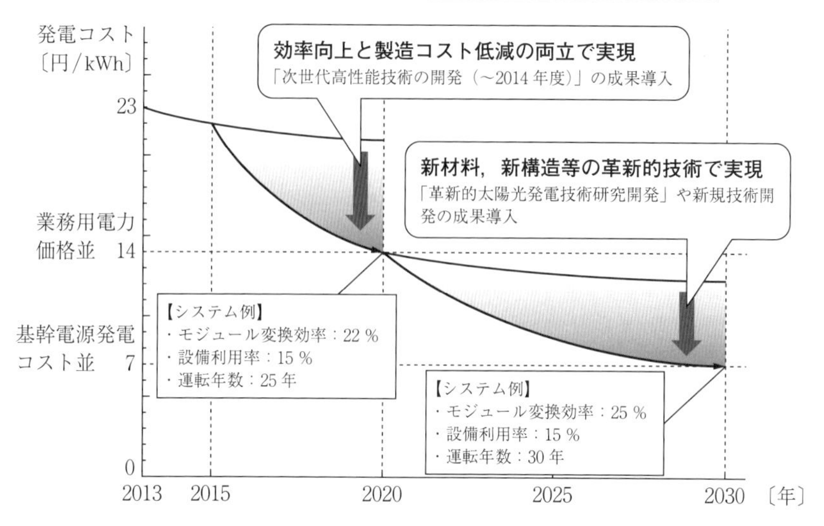

図 4.1　非住宅用システム（メガソーラー，太陽光発電所）の発電コスト目標と低減シナリオ
〔出典：新エネルギー・産業技術総合開発機構：太陽発電開発戦略，NEDO PV Challenges，p.57（2014）〕

の 14 円/kWh（2014 年の「電力料金」の 18.86 円/kWh に相当）にすることを目標としている。その達成には，太陽電池のモジュール変換効率 22 %，設備利用効率 15 %，運転年数（稼働年数）25 年が必要としている。また，2030 年の最終目標としては，新材料，新構造等の革新的技術の開発で，発電単価を基幹電源の発電単価並の 7 円/kWh を達成することを掲げている。その達成には，Si 系太陽電池などの従来の太陽電池のモジュール変換効率 25 %，設備利用効率 15 %，運転年数（稼働年数）30 年を必要としている。基幹電源発電コストとは，表 4.1 にある原子力，天然ガス，石炭などによる発電単価 10.1 ～ 13.7 円/kWh に相当すると考えられる。また設備利用率とは太陽電池の 1 日の平均稼働時間割合をさし，12 %では 2.9 時間，15 %では 3.6 時間となる。

表 4.2 に，NEDO PV Challenges に掲載された，各種太陽電池のセル・モジュールの変換効率の開発目標を示す[80]。例えば，結晶 Si 太陽電池では，2017 年にモジュール，セルの変換効率は，おのおの 20 %，25 %が目標となっている。3.2.4 項で見てきたように，HIT セルや HBC セルですでに変換効率

表 4.2　各種太陽電池のセル・モジュールの変換効率の開発目標

太陽電池の種類	実用化性能	変換効率の開発目標				
	2014 年	2017 年		2025 年		2050 年
	モジュール〔%〕	セル〔%〕	モジュール〔%〕	セル〔%〕	モジュール〔%〕	モジュール〔%〕
結晶シリコン太陽電池	～16	25	20	30	25	材料を問わず 40 %以上の超高効率太陽電池の開発
薄膜シリコン太陽電池	～11	18	14	20	18	
CIS 系太陽電池	～11	25	18	30	25	
化合物系太陽電池（集光）	～25	45	35	50	40	
色素増感太陽電池	—	15	10	18	15	
有機系太陽電池	—	12	10	15	15	

〔出典：NEDO PV challenges，p.34（2014）より作成〕

25 %以上が達成されている。また，表 3.2 にあったように，価格は高いがモジュール変換効率 20 %の太陽電池が販売されている。CIS 系太陽電池や化合物半導体系太陽電池においてもセルの変換効率は，目標に近いものが開発されている。一方，2025 年の開発目標は，かなりレベルの高い目標が設定されている。なぜなら，開発目標にある Si 太陽電池セルで 30 %の変換効率は，2.3.12 項で見てきたように，単接合の Si 太陽電池セルの理論限界変換効率 32 %に近いからである。しかし，モジュール変換効率 25 %は可能であろう。

NEDO PV Challenges によると，結晶 Si 太陽電池で 14 円/kWh を達成するためには，設備利用率 15 %，運転年数 25 年の条件でモジュール変換効率が約 21 %とした場合で太陽光発電システム単価を約 21 万円/kW で製造することが必要とされている[80)]。太陽光発電システム価格には，太陽電池やパワーコンディショナー，接続箱，ケーブル，発電モニタ，工事費などが含まれる。2015 年に日本全国で設置された太陽光発電システムの平均単価は 37.1 万円/kW との報告があるので[81)]，結晶 Si 太陽電池で発電単価 14 円/kWh の目標を達成するためには，太陽電池の製造コストなどを下げ，太陽光発電システム単価を半減することが求められている。

表 4.2 に掲載されている色素増感太陽電池や有機系太陽電池は，まだ実用化されていない太陽電池であるが，製造コストが安価であることから開発課題と

なっている。また，2025年以降の目標としてモジュール変換効率40 %の超高効率太陽電池の研究開発が追加されている。これらについては4.2節で述べる。

4.1.4 太陽電池セルの最高性能

現在，世界で研究開発されている種々の太陽電池セルの最高性能はどうなっているだろうか。アメリカの国立再生可能エネルギー研究所（National Renewable Energy Laboratory，NREL）では毎年各種太陽電池の最高性能をBest research-cell efficienciesとして発表している[82)]。また，太陽電池の国際学術論文誌Progress in PhotovoltaicsにはSolar cell efficiency tablesとして定期的に発表されている。**表4.3**はSolar cell efficiency tables（Version 50）[83)]に掲載されている各種太陽電池セルから代表的な太陽電池を選び，その公認最高性能を示したものである。公認値には太陽電池セルの大きさは1 cm^2程度以上の大きさが要求される。また，太陽電池の測定は，太陽電池の測定機関として公認されている三つの研究機関で行われる。アメリカのNREL，ドイツのフラウンホファー協会太陽エネルギー研究所（FhG-ISE），日本の産業技術総合研究所（AIST）である。

表4.3によると1 cm^2以上の太陽電池セルの最高性能は5接合セルで変換効率38.8 %となる。結晶Si太陽電池ではカネカのn型Siの裏面IBCセルが最高で変換効率26.7 %である。CIGS太陽電池ではソーラーフロンティア社の21.7 %，CdTe太陽電池ではアメリカのFirst Solar社の21 %が最高である。GaAs太陽電池ではアメリカのAlta Devices社の28.8 %が最高である。

まだ実用化されていない有機系太陽電池ではペロブスカイト太陽電池が19.7 %，色素増感太陽電池が11.9 %，有機薄膜太陽電池が11.2 %，が最高性能である。Solar cell efficiency tablesにはセルサイズ1 cm^2より小さいが注目すべき太陽電池や集光型太陽電池セルの最高性能も報告されている。例えば，セル面積0.052 cm^2（約2.3 mm角）のGaInP/GaAS/GaInAsP/GaInAsの4接合太陽電池セルでは約500倍集光下（508 sun）で変換効率46.0 %が報告されている[83)]。

表 4.3　Solar Cell Efficiency Tables に掲載されている代表的な太陽電池（1 cm² 程度以上のセル）の公認最高性能（2017 年 7 月）

太陽電池種類	変換効率〔%〕	セル面積〔cm²〕	電流（J_{sc}）〔mA/cm²〕	電圧（V_{oc}）〔V〕	フィルファクタ（FF）〔%〕	備　考 開発機関など
単結晶 Si	26.7	79.0	42.7	0.74	84.9	Kaneka，n 型裏面，IBC
多結晶 Si	21.9	4.00	40.8	0.67	79.7	FhG-ISE，n 型
GaAS（薄膜）	28.8	0.99	29.7	1.12	86.5	Alta Devices 社
InP（単結晶）	24.2	1.00	31.2	0.94	82.6	NREL
CIGS	21.7	1.04	40.7	0.72	74.3	ソーラーフロンティア
CdTe	21.0	1.06	30.3	0.88	79.4	First Solar，ガラス基板
5 接合セル	38.8	1.02	9.6	4.77	85.2	Spectrolab，2 端子
InGaP/GaAs/InGaAS	37.9	1.05	14.3	3.07	86.7	シャープ，2 端子
ペロブスカイト	19.7	0.99	24.7	1.10	72.3	KRICT/UNIST（韓国）
色素増感	11.9	1.00	22.5	0.74	71.2	シャープ
有機薄膜	11.2	0.99	19.3	0.78	74.2	東芝

測定条件：AM1.5（1 000 W/m²），25 ℃，測定：世界公認測定機関（NREL，Fhg-ISE，AIST）
〔出典：Solar cell efficiency tables（Version50），Progress in Photovoltaics, **25**, 7，p.668（2017）．より抜粋〕

4.2　新しい太陽電池

4.2.1　有機薄膜太陽電池

Si，CdTe，CIGS，GaAs 太陽電池などの従来型太陽電池には無機物半導体が用いられているが，有機物を含む太陽電池を有機系太陽電池と呼び，図 3.1 に示したように，有機薄膜太陽電池（organic photovoltaics，OPV），色素増感太陽電池（dye-sensitized solar cell，DSC），ペロブスカイト太陽電池（perovskite solar cell，PSC）などがある。

有機薄膜太陽電池の作動原理はSi太陽電池のそれに近く，p型の有機半導体（電子供与体）とn型の有機半導体（電子受容体）で構成されているヘテロ接合太陽電池である。**表4.4**に有機薄膜太陽電池の開発の歴史を示す。1958年にカリフォルニア大学バークレー校（U. C. Berkeley）のM. Calvin教授らがMgフタロシアニン（電子供与体）の平板にトリフェニルジアミン（電子受容体）を塗布した複合体で光照射下，200 mVの光起電力を確認した。ただし，電流は流れず光電池としては機能しなかった。Bell研究所の研究者らがSi太陽電池の開発を発表したのが1955年であるから，これに触発されたものと考えられる。ちなみに，M. Calvin教授は光合成の炭酸ガス固定のメカニズムの

表4.4 有機薄膜太陽電池の開発の歴史

1958年	アメリカのU. C. BerkeleyのD. KearnsとM. CalvinがMgフタロシアニン（p型）とトリフェニルジアミン（n型）の接合膜で200 mVの光起電力効果を確認。
1986年	アメリカのEastman Kodak社のC. W. TangがCuフタロシアニン（p型）とペリレン（n型）からなる2層ヘテロ接合有機薄膜太陽電池で変換効率（η）=0.96％を報告。
1995年	アメリカのU. C. S. B.のA. J. Heegerらが導電性高分子MEH-PPV（ポリフェニレンビニレン誘導体）（p型）とPCBM（C_{61}フラーレン誘導体）（n型）を混ぜたバルクヘテロ接合有機薄膜太陽電池で$\eta=1.5$％を達成。
2001年	オーストリアのLinz大学のN. S. SariciftctiらがMDMO-PPV（ポリフェニレンビニレン誘導体）（p型）とPCBM（C_{61}フラーレン誘導体）（n型）を混ぜたバルクヘテロ接合有機薄膜太陽電池で$\eta=2.5$％を達成。
2003年	オーストリアのリンツ大学のN. S. SariciftctiらがP3HT（ポリ3-ヘキシルチオフェン）（p型）とPCBM（C_{61}フラーレン誘導体）（n型）を混ぜたバルクヘテロ接合型有機薄膜太陽電池で$\eta=3.5$％を達成。
2005年	アメリカのWake Forest大学のD. L. CarrollらはP3HT-PCBMの熱処理最適化で$\eta=4.9$％を達成。
2009年	アメリカのベンチャー企業Solarmer Energy社が$\eta=7.9$％を発表。
2010年	アメリカのベンチャー企業Konarka Technology社が$\eta=8.3$％を発表。
2012年	三菱化学がP3HT（ポリ3-ヘキシルチオフェン）（p型）とBP（ベンゾポルフィリン）（n型）を用いたpin型（iはpとnの混合）有機薄膜太陽電池で$\eta=11.0$％を達成。
2015年	香港の香港科学技術大学（HKUST）が$\eta=11.5$％を達成。
2016年	ドイツのベンチャー企業Heliatek社がOPVの多接合（タンデム）セルで$\eta=13.2$％を達成。

解明で1961年にノーベル化学賞を受賞している。光合成に必要な緑色色素のクロロフィルは，Mgフタロシアニンと似た構造を持つ色素で，光を吸収して電子を放出する機能を持つ。

太陽電池として機能した最初の有機薄膜太陽電池は1986年にEastman Kodak社のC. W. Tangが開発したp型半導体のCuフタロシアニン（電子供与体）薄膜とn型半導体のペリレンジイミド誘導体PTCBI（電子受容体）薄膜を接合した2層ヘテロ接合有機薄膜太陽電池で，AM2の照射下で変換効率（η）$=0.96$ %が得られた。その後，長らく性能の低迷が続いていたが，1995年に導電性高分子の発見者の一人でノーベル化学賞を受賞したA. J. Heeger教授が導電性高分子MEH-PPV（ポリフェニレンビニレン誘導体）（p型，電子供与体）とPCBM（C_{61}フラーレン誘導体）（n型，電子受容体）を混ぜたバルクヘテロ接合有機薄膜太陽電池で$\eta=1.5$ %を報告してから，有機薄膜太陽電池の性能が向上し始めた。n型半導体としてフラーレン誘導体を用いたこと，2層ヘテロ接合ではなく2層の接触面が多いバルクヘテロ接合を用いたことが性能向上の主要因とされている。その後，薄膜の熱処理などの調整条件の最適化，新しいp型材料の開発などで，続々と変換効率の向上が報告された。2015年には香港の香港科学技術大学（HKUST）で，小セルでの変換効率11.5 %が達成された。また，有機薄膜太陽電池のタンデムセルの研究も活発であり，ドイツのベンチャー企業Heliatek社が2016年に変換効率13.2 %を達成している。

〔1〕 **発電原理**　　**図4.2**（a）に有機薄膜太陽電池の光電変換メカニズムを示す。透明電極（indium-tin-oxide，ITO）から入射した太陽光は，p層（電子供与体層）を構成するCuフタロシアニンやMDMO-PPV（**図4.3**参照）のような共役分子や共役高分子系の電子供与体（ドナー）に吸収され，電子供与体は励起され，励起子（エキシトン）を生成する（① 励起子生成）。励起子とは，励起されてできた電子と正孔の不安定な対で完全に分離しているものではない。この励起子がp層，n層の界面に移動する（② 励起子拡散）。n層はペリレンジイミド誘導体（PTCBI）やフラーレン誘導体（PCBM）（図4.3参照）

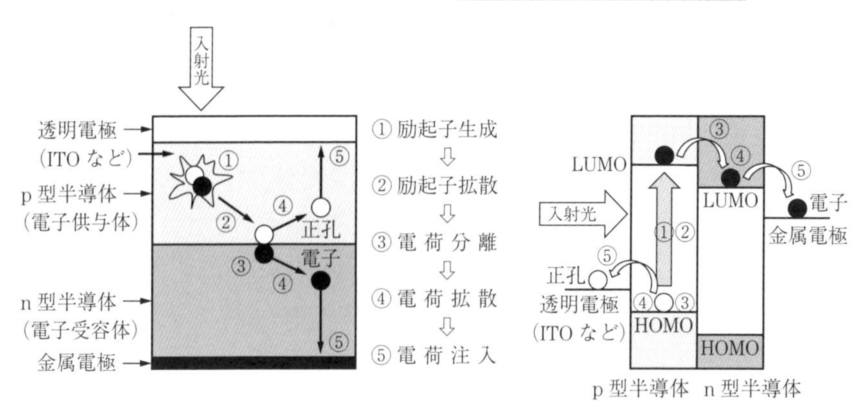

（a） 光電変換メカニズム　（b） エネルギーダイアグラム

図 4.2 有機薄膜太陽電池の発電原理

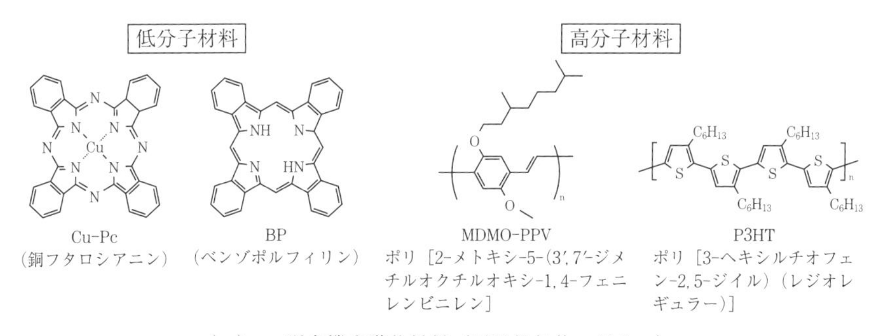

（a） p 型有機半導体材料（電子供与体，ドナー）

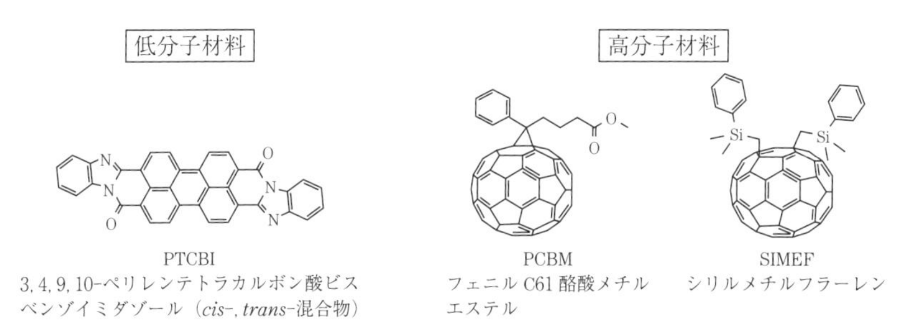

（b） n 型有機半導体材料（電子受容体，アクセプタ）

図 4.3 有機薄膜太陽電池に用いられる有機半導体材料

のような電子移動に優れた分子で構成されている。不安定対となっていた電子と正電荷は，pn 界面で分離する（③ 電荷分離）。そして電子は n 層中を移動して金属電極に注入され，一方，正電荷は p 層中を移動して ITO 電極に注入される（④ 電荷拡散，⑤電荷注入）。これが光電変換メカニズムである。

図 4.2（b）には，光電変換に伴うエネルギー移動のダイアグラムを示す。縦軸は，電荷のエネルギー準位であり，横軸は膜の厚さ方向を示している。P 層の共役分子や共役高分子は太陽光を吸収し，励起され，最高被占軌道（highest occupied molecular orbital，HOMO）の電子が，最低空軌道（lowest unoccupied molecular orbital，LUMO）に遷移して，電子-正孔対（励起子）を形成する。励起子は pn 界面に移動して電荷分離が起きる。すなわち，p 層共役分子や共役高分子の LUMO に存在していた電子は，エネルギー準位の低い n 層共役分子の LUMO に移動する。電子はさらにエネルギー順位の若干低い金属電極に注入される。

一方，p 層の共役分子や共役高分子の HOMO に生成した正孔は，p 層中を ITO 電極方向へ移動する。正孔はエネルギー準位の高い方に移動する特性がある。ITO 電極のエネルギー準位が p 層共役分子や共役高分子の LUMO 準位より高いため，正電荷は最終的に ITO 電極に注入される。この電荷の流れにより両極間に電位差，起電力が生ずる。すなわち，n 層共役分子の LUMO と p 層共役分子や共役高分子の HOMO とのエネルギー差が太陽電池の解放電圧（V_{oc}）に相当する。

したがって，高性能な有機薄膜太陽電池の作製には，電荷分離できる励起子を多く生成させることと，n 層共役分の LUMO と p 層共役分子や共役高分子の HOMO のエネルギー差を大きくすることが求められる。励起子は寿命が短く，その拡散距離も短いため，電荷分離できる励起子は，界面のごく近傍，約 10 nm 程度（活性層）に限られるといわれている。そのため 2 層ヘテロ接合膜では，p 層に生成した大部分の励起子が失活してしまう。

〔2〕 **2 層ヘテロ接合からバルクヘテロ接合へ**　　励起子は拡散距離が短いため，上述したように 2 層ヘテロ接合では，pn 層界面近傍の励起子だけが電

荷分離をして，大部分の励起子が失活してしまい，光電流の生成が少ないという欠点があった。そこで，**図 4.4** に示すように，界面が平面的でなく 3 次元的に存在するバルクヘテロ接合が考案された。これにより，界面の割合が圧倒的に増加して，電荷分離が可能な励起子も著しく増加して，光電流の増加につながった。また，分離した電子と正孔を両電極に移動しやすくするため，バルクヘテロ接合をさらに p 層と n 層で挟み込む構造（ハイブリッド型）が考えられた。これは，Si 系太陽電池で作製されている pin 型構造に相当する。またさらに一歩進んで，円柱が林立した形状を持つ p 層の空間に，n 層を埋め込むような形の相互貫入型構造の有機薄膜太陽電池も考案されている。pn 界面の増加と，分離した電荷を高速で移動させ光電流を増加することにより，高性能化に繋げようという試みである。

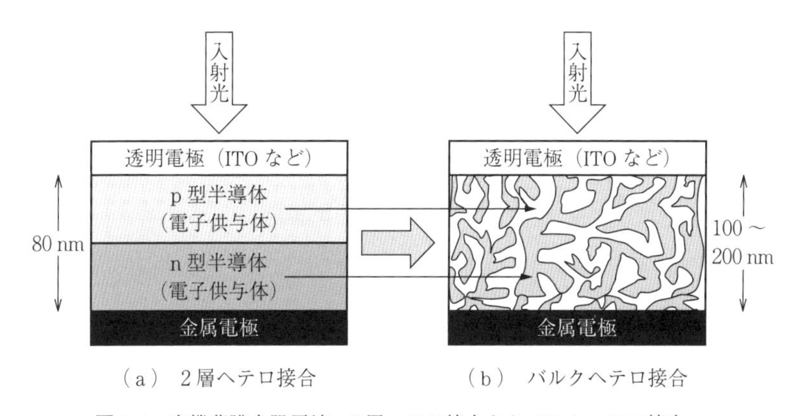

図 4.4 有機薄膜太陽電池 2 層ヘテロ接合からバルクヘテロ接合へ

〔3〕 **用いられる有機半導体材料** 図 4.3 に有機薄膜太電池に用いられる典型的な有機半導体材料を示した。n 型有機半導体材料には共役系低分子材料の Cu-フタロシアニンやベンゾポルフィリンなどがある。共役系高分子材料には MDMO-PPV や P3HT などがある。一方，n 型有機半導体材料には，共役系低分子材料として PTCBI や C_{60} フラーレン誘導体である PCBM や SIMEF などがある。

最初の有機薄膜太陽電池では，1986 年に Eastman Kodak 社の C. W. Tang が

2層ヘテロ接合太陽電池でCu-フタロシアニンとPTCBIを用いて変換効率0.95％を報告した[84]。また，初期の有機薄膜太陽電池では2001年にオーストリアのリンツ（Linz）大のN. S. サリチフチ（Sariciftcti）らはMDMO-PPVとPCBMを用いたバルクヘテロ接合太陽電池で変換効率2.5％を報告している[85]。また，2012年に三菱化学がP3HTとベンゾポルフィリンを用いたバルクヘテロ接合太陽電池で世界性高性能クラスの変換効率11％を達成している[83]。シリル基を持つシリルメチルフラーレン（SIMEF）は積層しやすく円柱状構造を取りやすいので，相互貫入型接合太陽電池に使用されている[86]。

〔4〕 **有機薄膜太陽電池の構造と作製法**　**図4.5**に，一般的な有機薄膜太陽電池セルの構造と，各層に使用される材料を示す。両極間の各層を上下，逆に設置した逆構造型有機薄膜太陽電池も提案されている。つぎに，作製法を簡単に紹介する。① まず，大気中でITO基板を洗浄する。中性洗剤，純水を用いて超音波処理も併用して洗浄し，自然乾燥の後，UV-オゾン処理にて表面をさらにきれいにする。② つぎに，正孔（ホール）輸送層を作製するために，PEDOT：PSS水溶液をITO基板上に数滴垂らして，スピンコートした後，120℃で10分熱処理する。PEDOT：PSS層の厚さは約30 nm程度である。③ さらに，光電変換層を塗布するために，PEDOT：PSS/ITO/基板をグローブボッ

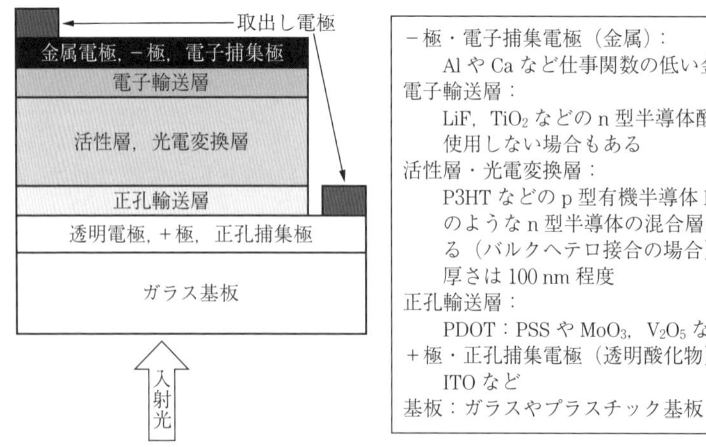

図4.5　典型的な有機薄膜太陽電池の構造

クス内に入れる。光電変換層は，空気や水分に弱いため，グローブボックス内の窒素雰囲気下で積層処理を行う。グローブボックス内でP3HT，PCBMがそれぞれ1.25 wt%，1.0 wt%を含むクロロベンゼン溶液を調製する。グローブボックス内で180℃，5分間再加熱したPEDOT：PSSをコートしたITO基板に，P3HT：PCBMブレンド液をシリンジフィルタでろ過してPEDOT：PSS/ITO基板上に滴下してスピンコートする。スピンコートの回転数が1 500 rpmのとき，膜厚150 nmの光電変換層が得られる。つぎに，光電変換層が積層されたPEDOT：PSS/ITO基板を熱処理（アニール）する。アニール条件により有機薄膜太陽電池の変換効率は変化するといわれている。

④ 最後に，グローブボックスに連結した真空蒸着装置にP3HT：PCBM/PEDOT:PSS/ITO基板を移動して，アルミニウムを80 nmの膜厚になるように真空蒸着する。そして，グローブボックス内のホットプレートで150℃，20分間熱処理する。⑤ そして，作製したセルが大気暴露を受けないように，グローブボックス内でUV光硬化樹脂を封止ガラスに塗布して，これをアルミニウム面を下にセルと密着させ封止する。この封止により，大気中で有機薄膜太陽電池セルの安定的な性能評価ができる。

〔5〕 **有機薄膜太陽電池の特徴**　有機薄膜太陽電池の特長は，なんといっても安価に作れることである。材料の資源的制約やSiのように輸入の制約もない。**表4.5**に有機薄膜太陽電池の長所と短所を示す。Siなどに比べ，P3HTなどの光吸収材の吸光係数が大きいこと，塗布法で作製でき，作製に高温・高真空を必要としないので安価に作製できるなどの長所がある。一方，短所としては，水，酸素などに弱く高度の封止技術が必要，変換効率がSi太陽電池に比べ低く11 %程度であり，さらなる高性能化が必要であることなどである。しかし，軽くフレキシブルであることから，Si太陽電池などが使用できない携帯用電源，IoT（モノのインターネット，internet of things）用センサ電源などに使用される可能性があるとともに，活性層の薄膜化によりカラフル・シースルー化することが可能であり建物の窓やファサード（建物の正面部分）に利用することも可能である。

表 4.5　有機薄膜太陽電池（OPV）の特徴

	長　所
(1)	有機材料はシリコンより，約 2 桁モル吸収係数が大きい。したがって，活性層が 100 nm 程度の薄膜でも高性能が可能。
(2)	印刷法などにより安価・軽量・フレキシブル・大面積化が容易。
(3)	環境にやさしく，資源的制約がない（有機物・炭素など）。
(4)	エネルギーペイバックタイムが半年以下と短い。
(5)	現在の材料でシングルセルは変換効率 8 ～ 11 %を達成。タンデムセルでは，変換効率は約 13 %を達成。
(6)	OPV は使い勝手のよいユビキタス電源としての利用の可能性。
	短　所
(1)	有機材料は励起寿命が短く（数ナノ秒），電荷移動度が低い（拡散長は 10 nm 以下）。
(2)	熱，紫外光，酸素，水分に弱く，耐久性は Si 太陽電池に比べ劣る。
(3)	太陽電池モジュールは作製されているが，実用化はまだ。

〔6〕 **有機薄膜太陽電池の開発の現状**　　有機薄膜太陽電池は，カラフル，シースルー，フレキシブル，軽いなどの魅力ある多くの特長を有しているので，世界各国の多くの企業で研究開発が行われている。日本では，東レ，東芝，三菱化学などの一流企業が，欧米では Heliatek 社，Plektronics 社，Solarmer Energy 社などのベンチャー企業が中心となっている。三菱化学は，p 型半導体材料としてベンゾポルフィリン（BP）を用いた有機薄膜太陽電池を開発し，2013 年には 5 mm 角セルで変換効率 11.7 %を達成した。また**図 4.6** に示すような Roll-to-Roll 連続塗布型製法によるモジュールも公開してい

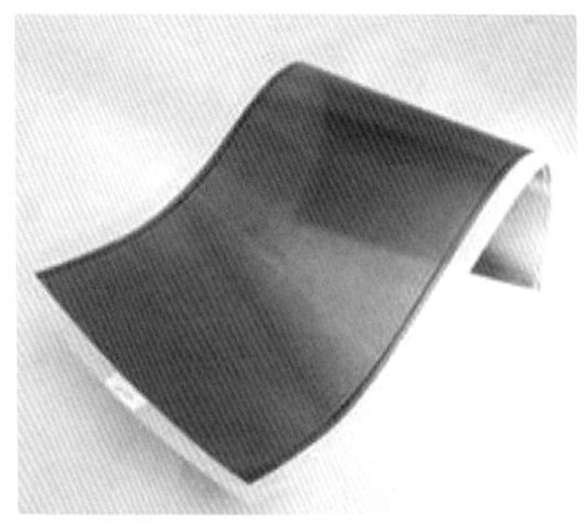

（a） 有機薄膜太陽電池モジュール

半導体前駆体溶液（・溶媒　・非晶質前駆体）
塗布
加熱
移動
半導体薄膜（・結晶化　・良好な半導体）
フレキシブル基板ロール
巻取りロール

（b） Roll-to-Roll 連続塗布型製法

図 4.6　三菱化学のフレキシブル有機薄膜太陽電池とその製造方法

る[87]。東芝は，有機薄膜太陽電池をIoT用の電子タグに使用することを提案している。ドイツのHeliatek社は**図4.7**に示すような透過率40～50％，変換効率7.2～6.0％の有機薄膜太陽電池サブモジュールを開発し，高層ビルの発電窓や自動車のサンルーフ，バルコニーにカラフル・シースルーな発電窓材として利用することも提案している[88]。

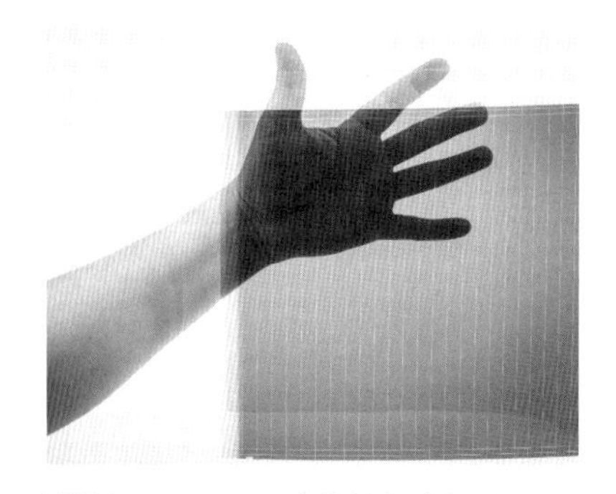

透過率40～50％で変換効率（η）は7.2～6.0％の性能

図4.7　ドイツHeliatek社が提案するガラス基板シースルー型有機薄膜太陽電池〔提供：©Heliatek GmbH/photographer: André Wirsig〕

4.2.2　色素増感太陽電池

色素増感太陽電池（dye-sensitized solar cell，DSC）とは，色素を太陽光吸収材として使用した太陽電池である。色素増感とは色素により無機半導体の感光領域が増すという意味である。もともとは写真技術の世界の言葉である。フィルムを用いた非デジタルの銀塩写真では約496 nmまでの太陽光によりバンドギャップ励起を起こすn型半導体の臭化銀（いわゆる銀塩，AgBr，E_g＝2.5 eV）が利用されている。AgBrは496 nmまでの太陽光を吸収して，みずからが自己分解し還元され銀（Ag）粒子を形成し，光の当たったところが黒く結像する。これが大雑把な写真の原理である。しかし，496 nmまでの光だけでは，可視光領域全体に感度がない。そこで，いろいろな可視光を吸収する色素を臭化銀の表面に固定すると，太陽光を吸収した色素から電子が臭化銀に移動して感光するようになる。このようにして半導体単独では感度がない可視光全体に感度を持つ作用を色素増感作用という。色素増感太陽電池は，AgBrの代わりに多孔質のTiO_2を用い，TiO_2の表面に吸着した色素の増感作用を利用して太陽光から電子を取り出せるよう工夫した太陽電池ともいえる。

表4.6に色素増感太陽電池の開発の歴史を示す。1870年代から1960年代に

かけては，写真技術における色素増感作用の開発や色素増感作用の基礎的な研究が行われた。1971 に Tributch らにより色素増感太陽電池のコンセプトが提案された。1976 年には坪村・松村らによる多結晶 ZnO 光電極と，有機色素，ヨウ素レドックス（I^-/I_3^-），Pt 対極を用いたビーカー型溶液セルの色素増感太陽電池で変換効率 1 %が報告された[89]。しかし，変換効率が当時の Si 太陽電池に比べ低いこと，ビーカー型の溶液セルであることから，あまり注目されなかった。

その後，欧米では可視光を広範囲に吸収できる Ru 色素の開発などの基礎的

表 4.6　色素増感薄膜太陽電池の開発の歴史

1873 年	H. W. Vogel が銀塩（AgBr）写真で色素増感を発見。これにより可視光全域の写真原理が確立される。
1887 年	J. Moser が光電気化学セルに AgBr のエリスロシン色素による増感作用を応用。
1965 年	S. Namba と Y. Hishiki が酸化亜鉛光電極のシアニン色素による増感作用を発表。
1968 年	H. Gerischer と H. Tributsch が ZnO 単結晶光電極にローズベンガルなどの色素による増感作用を研究。
1971 年	H. Tributsch と M. Calvin が ZnO 単結晶にクロロフィル色素付け，ヒドロキノンをレドックスとした色素増感太陽電池を構成する。
1976 年	H. Tsubomura，M. Matsumura らが ZnO 焼結体（高表面積）光電極，ヨウ化カリ（KI）とヨウ素（I_2）を含むローズベンガル色素水溶液，Pt 対極で構成される色素増感太陽電池を作製。変換効率は約 1 %を達成。
1979 年	S. Anderson，J. B. Goodenough らが単結晶 TiO_2 光電極に広領域で可視光を吸収できる Ru 色素 $Ru(bipy)_2(bipy(COOH)_2)$ を化学固定した色素増感太陽電池で光電流の顕著な増加を確認。
1988 年	スイス EPFL の M. Graetzel らが多結晶 TiO_2 光電極，$Ru(bipy)_2(bipy(COOH)_2)$ 色素，I^-/I_3^- レドックス水溶液で構成される色素増感太陽電池で，450 nm の波長で IPCE＝73 %を達成。
1991 年	EPFL の B. O'Regon，M. Graetzel は多孔質 TiO_2 光電極，Ru 色素，I^-/I_3^- レドックス有機溶媒系の色素増感太陽電池で変換効率 7.9 %を報告。現在の色素増感太陽電池の原型。
1993 年	EPFL の M. Graetzel らは新 Ru 色素（N3 色素）と I^-/I_3^- レドックスを用いて変換効率 10 %を達成。
2001 年	EPFL の M. Graetzel ら新 Ru 色素（Black dye）と I^-/I_3^- レドックスを用いて 10.4 %を達成。
2005 年	EPFL の M. Graetzel ら新 Ru 色素（N719）と I^-/I_3^- レドックスを用いて変換効率 11.2 %を報告。
2009 年	EPFL と Dyesol が新 Ru 色素（Z991）と I^-/I_3^- レドックスを用いて変換効率 12.2 %を達成。
2014 年	EPFL の M. Gratezel らがポルフィリン新色素 SM315 と Co^{2+}/Co^{3+} レドックスを用いて変換効率 13.0 %を報告。

な研究開発が行われ，1991年にスイスのローザンヌ工科大学（EPFL）のM. Graetzel教授らのグループが，2枚の板を張り合わせたサンドウィッチ型の色素増感太陽電池セルで変換効率7.9％を報告した[90]。当時は，アモルファスSi太陽電池の性能に匹敵する画期的な太陽電池として世界的に大きな注目を浴びた。そして，これが現在の色素増感太陽電池の原型となる。その後，高性能なRu色素が数多く開発され変換効率は0.25 cm^2のセルで12.2％まで向上した。そして，2014年に非Ru系のポルフィリン色素と新しいコバルト（Co）錯体系レドックスを組み合わせた色素増感太陽電池も開発され変換効率13.0％（0.25 cm^2セル）が報告された[91]。2015年にはシリル基アンカーを持つ有機色素で変換効率14.3％（0.09 cm^2セル）が報告されている[92]。すでに述べたように公認の最高変換効率は11.9％（1 cm^2セル）である[83]。

〔1〕 **発電原理**　**図4.8**（a）に色素増感太陽電池の構造と対応した光電変換メカニズムを示す。TiO_2（酸化チタン）多孔質膜光電極の表面に固定された色素は入射光を吸収して励起し，電子をTiO_2膜に注入する。注入された電子はTiO_2膜の中を移動し，導電性基板FTOにたどり着く。つぎに，電子は

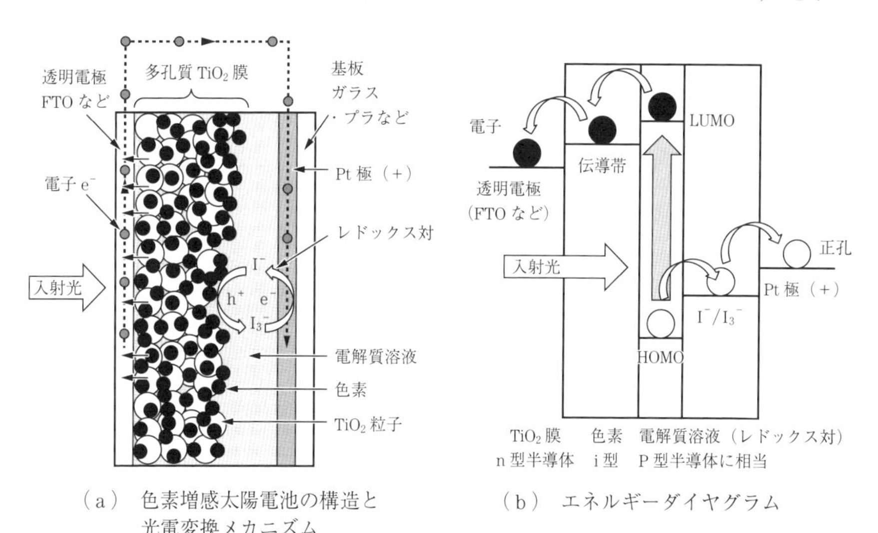

（a） 色素増感太陽電池の構造と光電変換メカニズム

（b） エネルギーダイヤグラム

図4.8 色素増感太陽電池の光電変換メカニズムとエネルギーダイヤグラム

FTOから外部結線を通り，対極であるPt/基板に到達する。一方，電子を放出した色素に生成した正孔は，電解質溶液中のI^-/I_3^-レドックスのI^-に還元される。そしてI^-はI_3^-に酸化される。I_3^-は電解質溶液中を拡散して対極のPt表面に移動する。Pt表面ではTiO_2光電極から移動してきた電子がI_3^-を還元し，I_3^-はI^-に戻る。そして，I^-は再び電解液中を逆方向に拡散して色素分子の界面にたどり着く。これが，電子の一巡である。両電極の間隔は約30 μm程度で，多孔質TiO_2膜の厚さは10 μmから30 μm程度で構成される。両極間には電解質溶液が充填される。色素は，色素の持つカルボキシル基（-COOH）とTiO_2膜の表面の水酸基（-OH）が化学反応してできたエステル結合でTiO_2膜表面にしっかりと固定されている。色素が光を吸収して電子移動を行うプロセスは，光合成の緑色色素であるクロロフィルが行う光誘起電子移動と類似しているので，色素増感太陽電池は光合成模倣型太陽電池とも呼ばれる。

図4.8（b）には色素増感太陽電池のエネルギーダイヤグラムを示す。色素は太陽光を吸収して励起し，HOMOにある電子はLUMOへ移動し，HOMOには正電荷が残される。つぎに，電子は色素のLUMOから，それより少しエネルギー準位の低いn型半導体であるTiO_2の伝導帯に移動する。電子はTiO_2中を移動してFTO基板に到達する。一方，色素のHOMOに存在する正電荷は，それよりエネルギー準位の高いヨウ素レドックス（I^-/I_3^-）の酸化還元電位に移動する。I^-は酸化されてI_3^-となる。I_3^-はPt対極上で電子に還元されにI^-に戻る。色素増感太陽電池の場合，解放電圧V_{oc}はTiO_2半導体の伝導帯（正確にはフェルミレベル）とヨウ素レドックス（I^-/I_3^-）の酸化還元電位の差で求められ，理論電圧は約0.9 Vとなる。有名な色素の一つであるブラックダイ（black dye）はHOMO-LUMOギャップが1.45 eVで，850 nmまでの太陽光を吸収できる。ブラックダイのLUMOのエネルギー準位はTiO_2の伝導帯準位よりも高いので，850 nmまでの太陽光がすべて吸収され電流に変換されたとすると30 mA/cm^{2}の光電流を得ることができる。すなわち，$V_{oc}=0.9$ V，$J_{sc}=30$ mA/cm^{2}となり，$FF=0.8$程度とすると理論最大変換効率$\eta_{idel}=(V_{oc}:0.9\text{ V}\times J_{sc}:30\text{ mA/cm}^2\times FF:0.8)/100\text{ mW}\times 100\ \%=21.6\ \%$となる。しかし，太

陽光はガラス基板等の表面での反射や吸収で15％程度カットされるので，J_{sc} $=25.5\ \mathrm{mA/cm^2}$ 程度とすると現実的な最大変換効率は $\eta_{\mathrm{idel(real)}}=18.4$ ％程度となる。表4.6で見たように現状ではZ991色素と I^-/I_3^- レドックスを用いたセルで $\eta=12.2$ ％（$V_{oc}=0.76$ V，$J_{sc}=21.8\ \mathrm{mA/cm^2}$，$FF=0.77$）が達成されているのみで，まだまだ伸びしろが残されている。

〔2〕 **色素増感太陽電池の構造と作製法**　色素増感太陽電池の作製法を簡単に紹介する[93]。色素増感太陽電池はFTO／ガラス基板またはITO／PENなどの透明導電性基板，多孔質 TiO_2 薄膜，色素，レドックスを含む電解質溶液（電解液），Ptをスパッタした対極基板（FTO／ガラス基板，ITO／PEN，Ti金属箔など），スペーサ（両極間隔保持材），封止剤から成り立っている。多孔質 TiO_2 薄膜は TiO_2 ペーストをスクリーン印刷によりFTO／ガラス基板に塗布・乾燥・焼成して作製する。TiO_2 ペーストは直径が約20 nm程度の TiO_2 微結晶子と，バインダ（結合剤）であるテルピネオール，それと TiO_2 薄膜を多孔質にするための増量剤であるセルロースを含む。TiO_2 ペースト塗布したFTO／ガラス基板を400～500℃で焼成すると，バインダやセルロースなどの有機物が燃焼除去され，20 nm程度の微細孔と100 nm程度の細孔を持つバイモーダルな多孔質 TiO_2 薄膜光電極が形成される。

色素は太陽光を吸収するという最も重要な開発要素であるので，数多くの色素が開発されている。**図4.9**には代表的な色素であるN719色素，Z991色素，

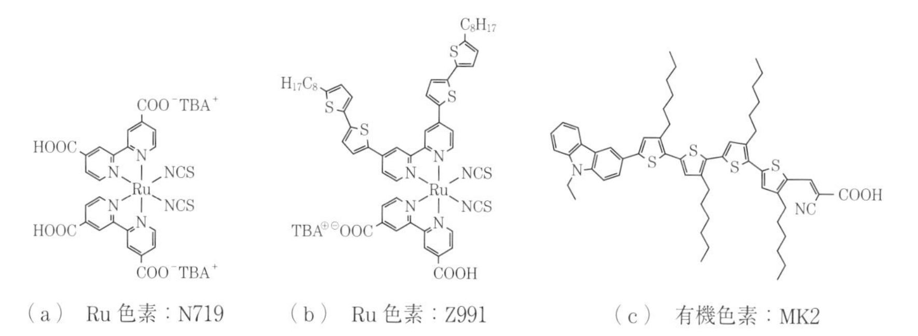

（a） Ru色素：N719　（b） Ru色素：Z991　（c） 有機色素：MK2

図4.9　代表的な色素の構造

MK2 色素の構造を示す。Z991 色素は Ru 系色素で最高の変換効率 12.2 % を示す色素である。これは色素の配位子のピリジン環にチオフェンを結合することによる共役系が拡大し，色素の吸光係数が増加したためである。また，その末端に長鎖の炭化水素基を付けることにより，逆電子移動を抑制し，V_{oc}，J_{sc} とも向上したためである。MK2 色素は有機色素で 8 % 程度の変換効率を示す。有機色素は Ru 系色素に比べて安価であることが特長である。**図 4.10** には N719 色素とブラックダイ色素の光吸収スペクトルを示す。可視光全域から赤外光も吸収できることがわかる。ブラックダイは可視光全域を吸収し，黒く見えるのでその名前が付いたともいわれる。

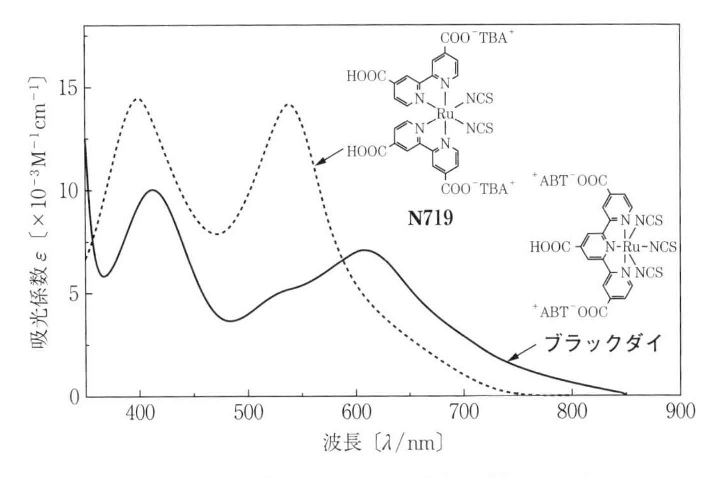

図 4.10　N719 色素とブラックダイ色素の吸収スペクトル

TiO_2 薄膜光電極は，色素のエタノール溶液に約半日ほど浸漬（しんせき）され，色素が TiO_2 表面に化学固定される。色素溶液には色素の会合抑制剤としてデオキシコール酸が含まれている。色素固定された TiO_2 薄膜光電極を色素溶液から取り出しエタノールで洗浄後，乾燥させ色素増感太陽電池の組立てに使用する。スペーサを取り付けた Pt 対極と色素固定 TiO_2 薄膜光電極を重ね，両極間に電解質溶液を注入する。電解質溶液は，ヨウ素（I_2），ヨウ化カリ（KI），電荷移動補助剤であるジメチルプロピルイミダゾリウムヨウ素（DMPImI），逆電子移動抑制剤であるターシャリーブチルピリジン（TBP）と有機溶媒アセトニトリル（CH_3CN）で構成されている。最後にセルの周囲に光硬化性樹脂を塗り，紫外線照射して封止を行う。

〔3〕 **色素増感太陽電池の特徴**　色素増感太陽電池の最大の特長は，有機薄膜太陽電池と同様に安価に作れることである。**表4.7**に色素増感太陽電池の長所と短所を示す。長所としては，TiO_2，色素などの材料が資源的制約も高純度Siのような輸入の制約もない。また大気下で，塗布法により作製でき，作製に高温・高真空を必要としないので，より安価に作製できる。さらに，結晶Si太陽電池などの従来の太陽電池に比べ，微弱光下で変換効率が高い特長がある。例えば，1 000ルクスの室内灯の下では変換効率20％以上が可能である。そのため，IoTに用いられるセンサのワイヤレス電源として使用され始めている[94]。また，カラフル・シースルーの特徴が優れており，ビルの窓やファサードなどに一部使用されている。短所としては，太陽光照射下では結晶Si太陽電池やCIGS太陽電池などに比べてセルの変換効率が12％程度と性能が低いことが挙げられる。表4.2に示したNEDOのPV Challengesのロードマップによるとセル変換効率15％，モジュール効率10％が実用化への開発目標である。また，溶液系電解液を使用しているため封止漏れなどの可能性がある。

表4.7　色素増感太陽電池（DSC）の特徴

	長　所
(1)	原料が酸化物や色素などであり，シリコンのような高純度金属と比べ安価で，資源的な制約もない。
(2)	シリコン太陽電池の製造装置と比べ，高真空や高価な装置を必要とすることなく，大気下で印刷方式で製造できる。
(3)	シリコン太陽電池に比べ，コストを1/2～1/3に低減できると見積もられている。
(4)	現在の材料でシングルセルで変換効率13.0％を達成。
(5)	微弱光に対して高い変換効率を示す。1 kluxで変換効率20％。
(6)	シースルー，カラフル，軽量，フレキシブルの特徴があり，ファッション性に優れた付加価値の高い太陽電池を作ることができる。
	短　所
(1)	シリコン太陽電池に比べてまだ性能，耐久性が劣る。
(2)	太陽電池モジュールは作製され，実証実験はされているが，実用化はまだである。

このため，固体型正孔輸送剤を用いた全固体型の色素増感太陽電池の開発も行われている。

〔4〕 **色素増感太陽電池開発の開発の現状**　色素増感太陽電池の研究開発はヨーロッパと日本を中心として行われてきた。しかし，近年，色素増感太陽電池に類似したペロブスカイト太陽電池（PSC）で変換効率 15 %以上の報告がなされ，従来の研究者の大部分がペロブスカイト太陽電池研究へ移行したため研究は下火となっている。日本では，NEDO の研究開発プロジェクトでシャープグループとフジクラ・東京理科大グループにより研究開発が行われてきた。シャープグループは 1 cm^2 角のセルで公認の世界最高変換効率 11.9 %を達成している。また，フジクラ・東京理科大グループは**図 4.11** に示す 10 cm 角サブモジュール（変換効率 10 %）や 50 m 角のモジュールを作製し実証試験を行っている。その他，アイシン精機，ソニー，大日本印刷，リコー，日本写真印刷などの企業が研究開発を行っている。**図 4.12**（a）はソニーが提案していたランプシェード用カラフル色素増感太陽電池である。ヨーロッパではスイスの EPFL の Graetzel 教授と Solaronics 社，オーストラリアの Dyesol 社などが研究開発を続けている。Solaronics 社は EPFL の国際会議場の窓に，図

（a） 変換効率 10 %の 10 cm 角色素増感太陽電池サブモジュール
〔提供：著者研究室〕

（b） 50 cm 角色素増感太陽電池モジュールの屋外実証試験の様子
〔提供：フジクラ〕

図 4.11　色素増感太陽電池セルの写真とモジュールの実証試験風景

（a） ソニーが提案したランプシェード用カラフル色素増感太陽電池〔提供：ソニー（ソニー発表時の情報）〕

（b） スイスEPFLの国際会議場窓面に設置されたカラフル・シースルー型色素増感太陽電池〔提供：著者研究室〕

図4.12 色素増感太陽電池の応用例

（b）に示すようなカラフル・シースルー型色素増太陽電池を設置して実証試験を行っている。

4.2.3 ペロブスカイト太陽電池

ペロブスカイト太陽電池（PSC）は，基本的には色素増感太陽電池と同じ構造を持つ。色素の代わりにヨウ化メチルアンモニウム鉛（$CH_3NH_3PbI_3$）のような有機金属ハライドのペロブスカイト結晶層を用いる。2009年に桐蔭横浜大学の宮坂らがこのペロブスカイトを色素として用いた色素増感太陽電池を初めて発表した。そのとき，変換効率は3.8％であった。その後，この太陽電池に注目したイギリスのオックスフォード大学のH. J. Snaithらが，ペロブスカイト層の製膜条件や，I^-/I_3^-系電解質溶液の代わりに固体の正孔輸送層を用いて全固体型のペロブスカイト太陽電池を作製し，2012年に変換効率10.2％，2013年に変換効率15％を報告して，一躍世界の注目を集め研究開発が世界的に広がっていった。2016年には，韓国のKRICTのSeokらが3mm角（面積0.0946 cm^2）のペロブスカイト太陽電池で変換効率22.1％を報告し[83]，Si太陽電池に匹敵する新たな太陽電池として期待されている。

〔1〕 **発電原理**　　**図4.13**にペロブスカイト太陽電池のエネルギーダイヤグラムと，代表的なペロブスカイトであるヨウ化メチルアンモニウム鉛（$CH_3NH_3PbI_3$）の単位結晶格子ならびに代表的な正孔輸送剤であるspiro-OMeTADの分子構造を示す。ペロブスカイトとは，もともと$CaTiO_3$をさすが，ABO_3型の構造を広くペロブスカイト構造という。$CH_3NH_3PbI_3$の場合，CH_3NH_3単位がAに相当し，PbがB，IがOに相当することになる。55℃以上では立方晶の単位格子を持つが，55℃より低い温度では多少ひずみがかかり正方晶となる。色素の場合は単一分子・単一分子層で作用するが，ペロブスカイトの場合は結晶層で作用する。さらに正孔輸送剤であるspiro-OMeTADは固体でありペロブスカイト太陽電池は全固体型有機・無機ハイブリッド型太陽電池である。光吸収層の$CH_3NH_3PbI_3$結晶層が光を吸収して，電子がその価電子帯から伝導帯へ励起して，さらにn型半導体である多孔質（メソポーラ

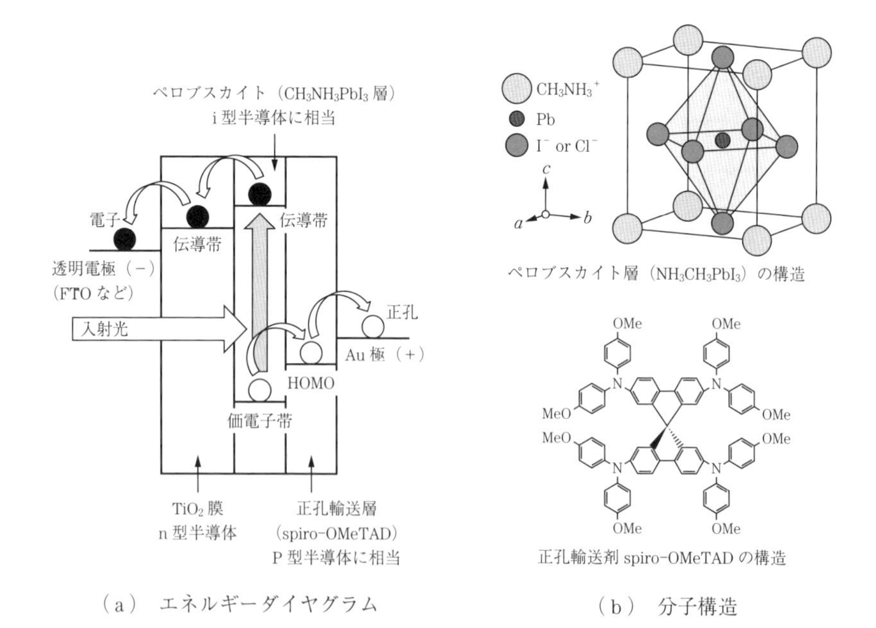

（a） エネルギーダイヤグラム　　　（b） 分子構造

図4.13　ペロブスカイト太陽電池の発電原理

ス）TiO_2 層の伝導帯へ移動する。一方，$CH_3NH_3PbI_3$ 結晶層の価電子帯に生成した正孔は，p 型半導体の正孔輸送剤である spiro-OMeTAD へ移動する。これにより電荷分離が達成され，電圧，電流を得ることができる。解放電圧 V_{oc} は，TiO_2 の伝導帯（真空準位で－4.0 eV）と spiro-OMeTAD の HOMO（真空準位－5.33 eV）の差に相当し，理論的には 1.22 V の解放電圧が取れることになる。したがって，Si 太陽電池や CIGS 太陽電池や理論電圧 0.9 V を持つ色素増感太陽電池に比べ，高い解放電圧（V_{oc}）が得られることになる。$CH_3NH_3PbI_3$ 結晶層の光吸収端は 800 nm であり可視光全域を吸収する。また，その吸光係数は N719 などの分子色素に比べ，約 1 桁高いことがわかっており，これらが，ペロブスカイト太陽電池が高い変換効率を示す理由と考えられる。

〔2〕 **ペロブスカイト太陽電池の構造と作製法** 図 4.14 にペロブスカイト太陽電池の構造を示す。透明導電性基板（FTO/ガラスなど）の上には，性能を向上させるために必須な 50 nm 程度の厚さの TiO_2 緻密層（Compact TiO_2 layer）が形成されている。TiO_2 緻密層は，導電性基板に注入された電子がペロブスカイト層に戻る逆電子移動を抑制するために効果的であり，電子輸送層（electron transfer layer，ETL）とも呼ばれる。TiO_2 緻密層の上には約 300 nm

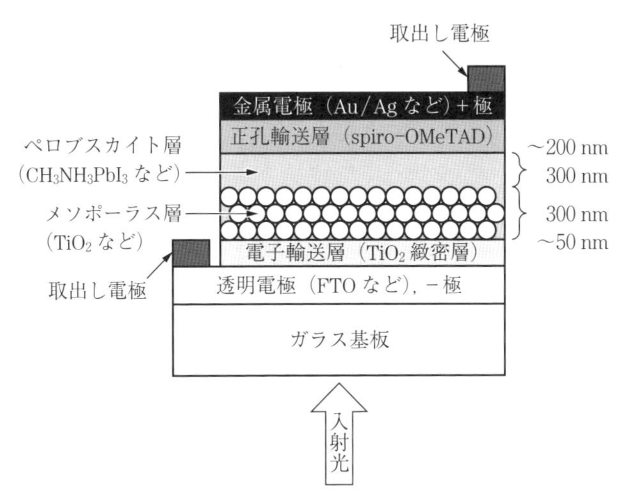

図 4.14 ペロブスカイト太陽電池の構造

の多孔質 TiO_2 層が存在する。そのメソポーラス細孔には光吸収層である $CH_3NH_3PbI_3$ が充填され，さらにその上に $CH_3NH_3PbI_3$ のみの層が約 300 nm 膜厚が形成される。つぎに，その上にドーピング剤である LiTFSI や TBP などを添加した 100 ～ 200 nm 程度の正孔輸送剤 spiro-OMeTAD が積層された正孔輸送層（Hole Transfer Layer，HTL）が形成され，最後に正電荷を収集する Au/Ag 電極が形成される。このようにして 2 μm に満たないごく薄い太陽電池が透明導電性基板上に形成される。

ペロブスカイト太陽電池は基本的には大気下あるいはグローブボックス内でスピンコートなどの塗布工程で簡単に作製できる。$CH_3NH_3PbI_3$ 層の形成には，その原料である CH_3NH_3I と PbI_2 を混合した溶液を多孔質 TiO_2 層に塗布する 1 段階法と，PbI_2 溶液と CH_3NH_3I 溶液を段階的に塗布する 2 段階法がある。ここでは，若宮らの 2 段階法について紹介する[95]。まず，透明導電性基板 FTO/ガラス上に，TiO_2 緻密層の前駆体である $Ti(O\text{-}CH(CH_3)CH_3)_2(CH_2COCH_2COCH_3)_2$ のエタノール溶液を 450 ℃でスプレーパイロリシス法により吹き付けて TiO_2 緻密層を形成する。つぎに，電子の漏れサイトを完全になくすため TiO_2 緻密層を $TiCl_4$ 水溶液で処理した後，500 ℃で焼結する。続いて，TiO_2 ペースト（PST-18NR：直径約 20 nm の TiO_2 粒子を含む）のエタノール溶液をスピンコートし，500 ℃で焼結して約 200 nm の厚さのメソポーラス TiO_2 層を作製する。この TiO_2 基板をグローブボックス内に移し，70 ℃に加熱した PbI_2 の DMF（dimethylformamide）溶液をスピンコートして PbI_2 層を形成する。70 ℃で 1 時間アニールした後，このフィルムを CH_3NH_3I の i-PrOH 溶液に 20 秒間浸漬することで，ペロブスカイト層が形成される。この浸漬過程で，黄色の PbI_2 層は赤黒いペロブスカイト層へと変化する。ペロブスカイト膜は i-PrOH で洗浄して，70 ℃で 30 分間乾燥させる。そして正孔輸送剤 spiro-OMeTAD（2, 2′, 7, 7′-tetrakis(N, N-di-ethoxyphenylamine)-9, 9′-spirobifluorene）と TBP(t-Butylptridine)，LiTFSI(Lithium bis(trifluoro methanesulfonyl)imide) および Co(III) 錯体などのドーピング剤，添加剤を含むクロロベンゼン溶液をペロブスカイト層の上にスピンコートし，70 ℃で 30 分間アニールすることで正孔輸送層が形成される。最後に，金または金/銀電極を蒸着してペロブスカイト太陽電池が完成する。使用する溶媒や作製環境からできるだけ水分や酸素を取り除くことが必要である。若宮らは，この方法を用いて2 mm角セルで変換効率13.2 %（V_{oc}=0.99 V，J_{sc}=19.5 mA/cm^2，FF=0.68）を得ている。

〔3〕 **ペロブスカイト太陽電池の特徴**　ペロブスカイト太陽電池の特長は，資源的制約のない材料と簡単な作製法で安価で高性能な太陽電池が作製できることである。**表4.8**にペロブスカイト太陽電池の長所と短所を示す。長所としては，まず$CH_3NH_3PbI_3$は吸光係数が非常に大きく無機太陽電池材料のInPやCdTeのそれに匹敵する。したがって，300 nm程度の薄膜でも太陽光を十分に吸収できる。また，理論電圧も1.22 Vと高く，解放電圧（V_{co}）として1 V以上の高電圧が期待でき，高性能太陽電池の条件を具備している。原材料の資源的制約や高純度Siのように輸入の制約もない。さらに，光励起により発生する電子と正孔の両者の寿命や拡散長が長いという高性能に好ましい特長

表4.8　ペロブスカイト太陽電池の特徴

	長　所
(1)	吸収係数が大きい…300 nm程度の厚みでよい。InPやCdTe太陽電池並み。
(2)	出力電圧が高い…1 V以上も可能。 電荷分離はペロブスカイト内で起きる…界面における電荷分離に必要なエネルギーロスはない…電圧損失が少ない。
(3)	ペロブスカイト中での両電荷の長距離電解移動が可能。 長い電子寿命と電化キャリヤの拡散長（1～3 μm）。 光電流の内部量子効率が1に近い。 電子再結合につながる欠陥準位がバンド内には少ない。
(4)	溶液塗布法による製膜…高速かつ低コストで作製可能。
(5)	全固体型…取扱いが容易。
	今後の課題と短所
(1)	安定性・耐久性の検討が不十分…$CH_3NH_3PbI_3$は水分，酸素や熱に弱い。
(2)	毒性…Pbは環境に有害，有毒。$CH_3NH_3PbI_3$の分解生成物であるPbI_2は発がん性がある。…Pbフリーの代替物の開発が望まれる。
(3)	電圧-電流応答が遅い，ヒステリシスを持つ。
(4)	報告されているセルの面積が2～3 mm角では小さすぎる。セル面積が小さいとJ_{sc}の過大評価の可能性がある。…大きい面積の測定が望まれる。

がある。一方，作製法に関しては，大気圧下，塗布法が利用でき，高速かつ低コストで作製が可能である。また，全固体型太陽電池となるので色素増感太陽電池と比べ取扱いが容易である。

一方，短所としては，$CH_3NH_3PbI_3$ はイオン性結晶であり，溶液状態では壊れやすく，水分，酸素，熱に不安定であるため，耐久性の確保が実用化には重要である。また，$CH_3NH_3PbI_3$ には有害金属の Pb が含まれており，その実用化には特別に環境に配慮することが必要となる。そして，性能の測定の観点からは，電流-電圧曲線に測定方向に依存するヒステリシスが存在することが挙げられている。この現象は，ペロブスカイト太陽電池の内部の積層膜間に不均一性が残ることから出現するものと考えられている。

〔4〕 **ペロブスカイト太陽電池開発の開発の現状**　2012 年に H. J. Snaith らにより変換効率 10.2 %以上が報告されて以来，世界中で精力的に研究開発が行われている。2016 年春の NREL が発表した太陽電池の Best Research-cell Efficiencies によると韓国の KRICT/UNIST のグループが変換効率 22.1 %を達成した[82, 83]。2009 年の変換効率 3.8 %から 2016 年の 22.1 %まで，わずか 7 年間で性能が約 6 倍に向上していることには驚かされる。現在，多様な研究が行われている[96]。

例えば，TiO_2 緻密層の有無の影響，メソポーラス TiO_2 層の効果や Al_2O_3 や ZnO などによる代替，光吸収材としての有機金属ハライドペロブスカイト種の影響，正孔輸送剤の選択，ペロブスカイト層作製法の検討（1 段階溶液法，2 段階溶液法，共蒸着法，非焼結法など），フレキシブル太陽電池への応用などである。ペロブスカイト種の影響についても詳細な研究が行われている。メチルアンモニウムカチオン（$CH_3NH_3^+$）をエチルアンモニウムなどの他のアルキルアンモニウムカチオン（RNH_3^+）に変えた場合の影響や $CH_3NH_3PbI_3$ のヨウ素（I）を，臭素（Br）など他のハロゲン基に変えた場合やその混合した場合（$CH_3NH_3PbX_3$ の X＝Cl，Br，あるいは混合体など）の効果，さらには Pb 中心金属を Sn などの他金属に交換した場合の効果が検討されている。正孔輸送剤の選択については，spiro-OMeTAD の代わりに PEDOT：PSS，ポリ（トリアリール・アミン），ピレンなどさまざまな材料が検討されている。n型半導体（電子輸送剤）の多孔質 TiO_2 や TiO_2 緻密層の代わりにPCBMなどを用いる研究もされている。

また，新しい構造のペロブスカイト太陽電池も提案されている。例えば，FTO/ガラス基板に，まず正孔輸送層を形成し順次積層させる逆構造型や，メソポーラス層を省いたペロブスカイト層のみを用いる平面層（planar layer）型ペロブスカイト太陽電池も開発されている。2016年3月に物質材料機構（NIMS）が発表した変換効率18.2％（$\eta=18.2$ ％，$V_{oc}=1.08$ V，$J_{sc}=21.48$ mA/cm^2，$FF=0.784$）が得られた1cm角のペロブスカイト太陽電池は，透明導電性基板から順に，正孔（ホール）抽出層，ペロブスカイト層，電子輸送層，電子抽出層，裏面電極と形成され平面層型構造を持ち，図4.5に示した有機薄膜太陽電池の構造に近い構成となっている[97]。

海外の研究例として**図4.15**（a）にスイス連邦材料試験研究所（EMPA）が発表した半透明のペロブスカイト太陽電池セル（約3cm角）の写真を示す。これはタンデムセルのトップセルとして用いることが予定され，タンデムセルの変換効率は20％以上となるという[98]。図（b）にアメリカのケース・ウェス

（a）スイス連邦材料試験研究所（EMPA）が発表した半透明ペロブスカイト太陽電池セル。タンデムセルのトップとして使用される。
〔提供：EMPA，©Empa, 2015〕

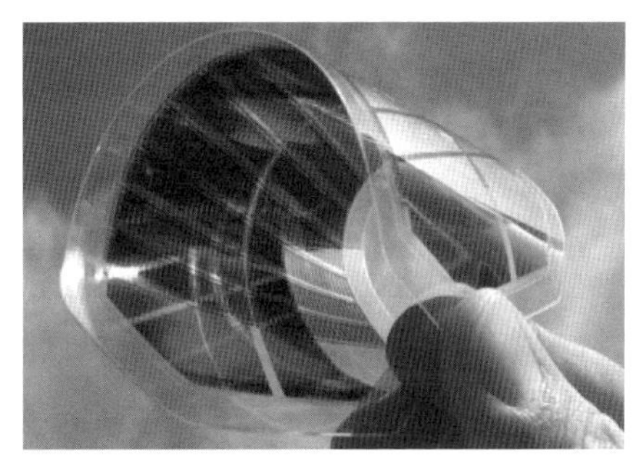

（b）アメリカのケース・ウェスタン・リザーブ大学が発表したリチウムバッテリー付きのフレキシブル・ペロブスカイト太陽電池
〔提供：Renewable Energy global Innovations〕

図4.15　ペロブスカイト太陽電池の海外の研究例

タン・リザーブ大学が発表したリチウムイオンバッテリー付きのフレキシブル・ペロブスカイト太陽電池（変換効率 7.8 %）の写真を示す[99]。ペロブスカイト太陽電池は安価で高性能な次世代型太陽電池となる可能性が高い太陽電池といえる。

4.2.4　CZTS 太陽電池

CZTS 太陽電池は，銅（Cu，Copper），亜鉛（Zn，Zinc），スズ（Sn，Tin），硫黄（S，Sulfer）の 4 元素からなる化合物半導体 CZTS（Cu_2ZnSnS_4）を用いた薄膜太陽電池である。CZTS は CIGS と同様に，光吸収係数が $10^4\ cm^{-1}$ と大きく，バンドギャップ（B. G.）も 1.4 ～ 1.5 eV と最適バンドギャップに近く太陽電池材料として優れている。図 3.21 に示したように CZTS は，$I\text{-}III\text{-}VI_2$ 族化合物半導体の III 族元素を II 族と IV 族で置換した $I_2\text{-}II\text{-}IV\text{-}VI_4$ 族化合物半導体である。CIGS の材料の In や Se は希少元素であるのに対して CZTS の材料の Zn や Sn，S は天然に豊富な元素である。Zn の賦存量は In や Se に比べて 1 500 倍，Sn の賦存量は 44 倍，S の賦存量は 5 200 倍と，資源制約のない材料である。また，毒性金属の Se が含まれないことも長所の一つである。

図 4.16 に CZTS 太陽電池の構造を示す。基本的には CIGS 太陽電池と同様

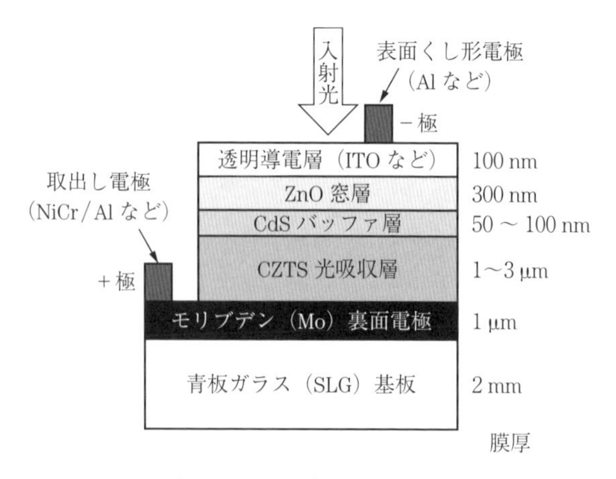

図 4.16　CZTS 太陽電池の構造

でありCIGS層をCZTS層に置き換えたものである。製造法もほぼ同じで，まず青板ガラス上に金属Mo下部電極を蒸着する。その上にCu，ZnS，SnSを同時スパッタする。それから窒素（N_2）ガスで希釈されたH_2Sガスで約580℃程度で3時間，硫化処理を行う。それから放冷の後CBD（chemica bath deposition）法でCdS層を堆積し，つぎに窓層としてZnO：Alをスパッタ法で積層し，最後にAlくし形電極を取り付ける。

CZTS太陽電池の開発の歴史は比較的浅く，1996年に長岡工業高等専門学校の片桐らが初めて4 mm角程度の小さなセルで変換効率0.66 %を報告し，その後2008年には変換効率6.77 %まで向上させた[100)]。それ以来，世界的に研究が広がり，性能が向上し，2013年にはソーラー・フロンティア社がIBM社と東京応化との共同研究の成果として0.4 cm^2のセルで変換効率12.6 %を達成している[101)]。活性向上の一つのポイントは，活性層の最適組成が化学量論のCu_2ZnSnS_4ではなく，Cuが量論より少なくZnが多い状態で，Cu/(Zn+Sn)は約0.85，Zn/Sn比は1.1～1.3，Cu/Snは1.8～2.0がよいとのことである。今後は，この領域の中で最適組成を見出すことが手掛かりとなる。CZTS太陽電池の実用化には，今後の変換効率の向上や耐久性試験などの検討が必要だが，基本的にはCIGS太陽電池と同族であることから性能が向上すれば，環境負荷の少ない安価で高性能な次世代型太陽電池となり得るだろう。

4.2.5 量子ドット太陽電池

量子ドット太陽電池とは，半導体母材料の中に大きさが数nmから数10 nmの大きさの半導体粒子（量子ドット）を層状に埋め込み，その粒子や粒子層の量子サイズ効果やトンネル効果などの量子効果を利用した，半導体母材料からなる従来の太陽電池より性能の高い太陽電池をいう。従来の単接合太陽電池は，2.3.12項で述べたショックレー-クワイサー限界により，理論最大変換効率は非集光下で33.7 %と限られていた。これでは，変換効率40 %以上の単接合太陽電池は，作製できないことになる。この制限をブレークスルーするのが量子ドット太陽電池と期待されている。

単接合太陽電池で理論最大変換効率 33.7 %を超えることができない理由は図 2.22 で太陽電池の入射光エネルギーの透過損失，量子損失として説明したが，**図 4.17** で示す太陽電池材料の半導体のスペクトルミスマッチを用いて少し詳しく説明する。太陽電池材料の半導体にバンドギャップ以上のエネルギーを持つ太陽光が入射すると，価電子帯の電子は，吸収したエネルギーに対応した伝導帯まで励起される。しかし，その電子はすぐ伝導帯下端まで落ちて，余分なエネルギーは熱として放出する熱的緩和を起こす。図中の（a）の励起電子がこれに相当する。図 2.25 では量子損失として説明した。一方，バンドギャップより低いエネルギーの太陽光は半導体に吸収されず透過してしまう。これは図 4.17 中の（b）に相当する。透過損失である。量子損失と透過損失で約 60 %の太陽光エネルギーの損失がある。この損失を減らす方法としては，異なるバンドギャップを持つ半導体材料を数多く接合した多接合太陽電池があ

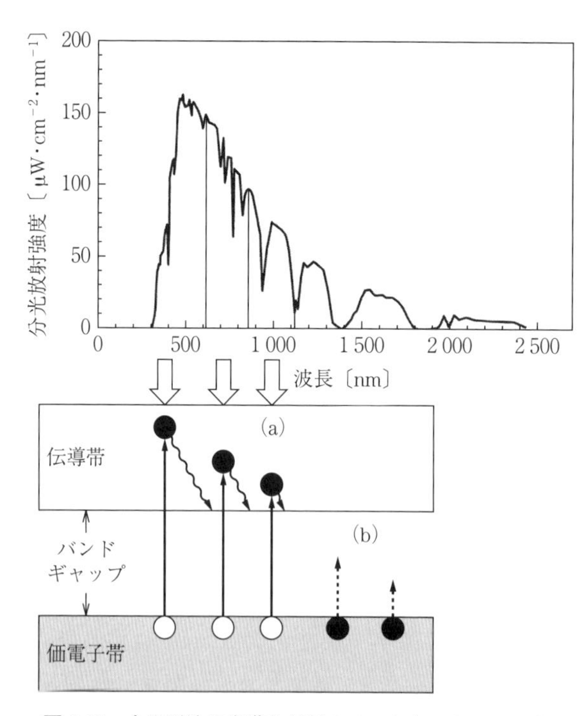

図 4.17　太陽電池用半導体材料のスペクトルミスマッチ

るが，作製が複雑であることや高価であるという問題がある。それを解決しようする試みが量子ドット太陽電池である。量子ドット太陽電池の一つである中間バンド型量子ドット太陽電池では，半導体母材料のバンドギャップ中に四つの中間バンドを入れることにより，理論最大変換効率は非集光下で 57 %，集光下で 75 %以上が可能との報告がある[102]。現在，太陽電池の世界最高の変換効率は，500 倍の集光下の 4 接合太陽電池で変換効率 46 %であるので，それ以上の性能を量子ドット太陽電池で達成する可能性があることになる。表 4.2 で紹介した NEDO PV Challenges には，2050 年以降の開発目標に変換効率 40 %以上の太陽電池が加えられている。量子ドット太陽電池は，その候補太陽電池の一つである。

量子ドット太陽電池の発電原理と方式　量子ドット太陽電池には**図 4.18** に示すような四つの方式が提案されている[103]。図（a）で示すタンデム型とは，バンドギャップを制御した量子ドット層を太陽光の入射側からバンドギャップの大きい順に並べる方式である。量子ドットのサイズが小さくなるほどバンドギャップが大きくなる量子サイズ効果を利用する。太陽光は上から紫外光，可視光，赤外光の順に吸収されてゆく。原理は多接合太陽電池に似ている。オーストラリアの UNSW では Si 量子ドットを用いたタンデム型太陽電池が検討された。SiO_2 中に埋め込んだ Si 量子ドットのサイズを 2 ～ 5 nm の間で制御する

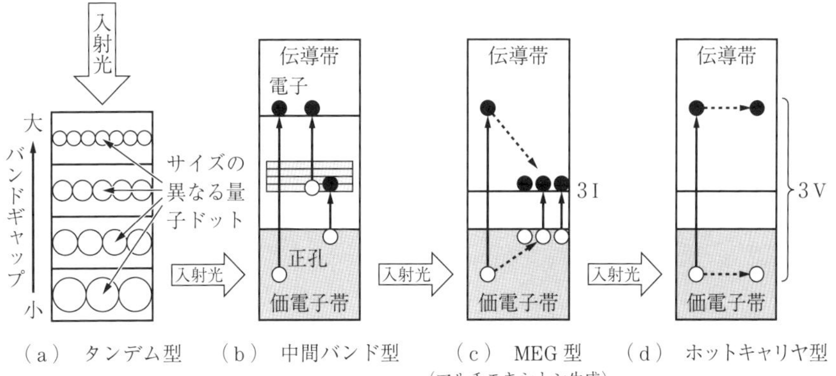

図 4.18 量子ドット太陽電池の四つの方式

とバンドギャップ1.3～1.64 eVの量子サイズ効果を確認できたという。これらの3層タンデム型量子ドット太陽電池では変換効率51 %が期待されると報告している。しかし，Si量子サイズドットの直径を2～5 nmの範囲で正確に制御し，SiO_2やSiC，SiNなどの薄い障壁層の母材中に高密度に均一に並べることは大変高度な技術が要求される。

図4.18（b）で示す中間バンド型とは，母材の中に3次元的な超格子量子ドットを作製することにより，量子ドットのトンネル効果により母材の中に中間バンドが形成され，この中間バンドを利用して多光子励起や多段励起を起こし，光損失を低減させ太陽電池の性能を挙げようとする方式である。岡田らはGaAs母材中にGaNAs中間層に挟まれたInAs量子を組み込んだ中間バンド型量子ドット太陽電池を作製し，5 mm角のセルで72倍の集光下，26.8 %の変換効率を達成したと報告している[104)]。

図4.18（c）で示すマルチエキシトン生成（MEG）型や図（d）で示すホットキャリヤ型とは，量子効果の一つである，「キャリヤの緩和時間の増加」を利用して，吸収した光エネルギーの損失を防ぐ方式である。エネルギーの高い1電子励起であるシングルエキシトンをエネルギーの低い電子の複数励起であるマルチエキシトンに変換して光電流を稼ぐ方式がマルチエキシトン方式である。図（c）では1光子励起で，3倍の光電流（3 I）が得られる。一方，吸収したエネルギーの高い電子励起キャリヤであるホットキャリヤをそのまま取り出して，高い電圧を稼ぐ方式がホットキャリヤ方式である。図（d）では3V，3倍の電圧が得られる。現状ではタンデム方式，マルチエキシトン方式，ホットキャリヤ方式は，その原理を検証した段階で，太陽電池までは作製されていない。変換効率40 %以上の量子ドット太陽電池の開発を目指して今後の研究開発が望まれる。

4.2.6　その他の太陽電池

太陽電池は半導体材料のpn接合，あるいはpin接合で構成されるのでいろいろな半導体材料で太陽電池が作れる可能性がある。ここで，ちょっと変わった太陽電池をいくつか紹介しよう。

〔1〕 **酸化物太陽電池** 酸化鉄（α-Fe_2O_3）や酸化チタン（TiO_2）などのありふれた酸化物半導体で太陽電池を作ることができれば，ごく安価な太陽電池として太陽電池はもっと普及するかもしれない。すでに紹介した色素増感太陽電池ではn型半導体としてTiO_2（アナタース）を使用していた。TiO_2は紫外光を吸収できるので，p型半導体の役割をするヨウ素レドックス（I^-/I_3^-）と組み合わせれば紫外光応答性太陽電池が作製できる。ただし，紫外光は太陽光中に約3％しか含まれないので，変換効率は3％以下となる。

可視光応答性のある酸化物として590 nmまで太陽光吸収できる亜酸化銅（Cu_2O）を用いた太陽電池が研究されている。銅板を1 000 ℃以上で焼成してp型半導体のCu_2O薄膜を形成し，その表面にn型半導体のZnO層を30～50 nm積層したpn接合太陽電池{Au(＋極)/p-Cu_2O/n-ZnO/Al：ZnO（窓層と＋極)}を作製して変換効率8.1％が報告されている[105]。Cu_2Oの安定な存在条件が限られていること，不安定であることが今後の課題と考えられる。Rhをドープした酸化鉄（α-Fe_2O_3）の湿式太陽電池が作製され可視光全域で高い光電流の発生を確認したとの報告もされている[106]。将来，鉄さび，酸化鉄（α-Fe_2O_3）でできた太陽電池が出現するかもしれない。

〔2〕 **硫化物太陽電池** 硫化物を含む太陽電池としては，実用化されているCIGS太陽電池や10％以上の変換効率を示すCZTS太陽電池の研究を紹介してきたが，もっと単純な硫化物でも太陽電池が作製できる。**図4.19**には硫化スズ（SnS）太陽電池の構造を示す。SnSはp型半導体でバンドギャップが1.1 eVと結晶Si太陽電池のバンドギャップに近く，理論変換効率は32％と推定されている。現在，最高の変換効率として4.4％が報告されている[107]。スズ（Sn）も硫黄（S）も安価で無害であるし，SnSは水や酸素にも安定であるので変換効率が10％以上となれば実用化が視野に入るかもしれない。

〔3〕 **カーボン太陽電池** グラファイトなどの炭素材料は古くから電極材などとして使用されている安価な導電性材料であるが半導体ではない。近年，グラファイトと構造が似ているグラフェン，カーボンナノチューブ（CNT），

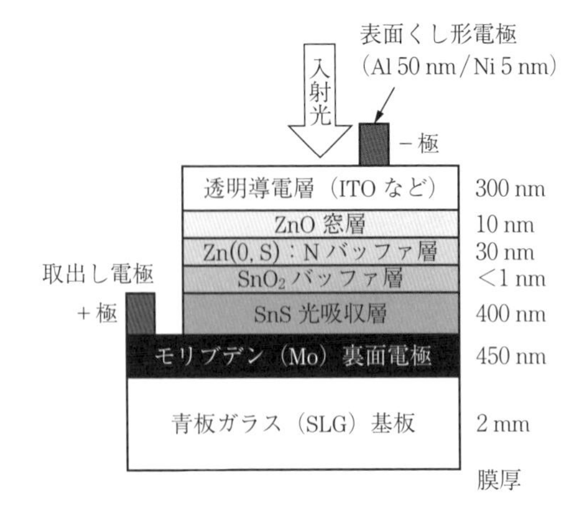

図 4.19　硫化物半導体（SnS）を用いた太陽電池の構造

フラーレン（C_{60} など）の新しい炭素材が続々と発見されている。フラーレンはn型半導体材料として，有機薄膜太陽電池に使用されていることをすでに紹介した。アメリカのスタンフォード大学の Mutz らは，光吸収層ならびにp型半導体としてチオフェン誘導体の高分子半導体 P3DDT（Poly(3-dodecylthiophene-2, 5-diyl）を含む単層カーボンナノチューブ（SW-CNT）を用い，n型半導体として C_{60} フラーレンを用いたカーボン太陽電池を報告している。＋極には還元型の酸化グラフェン（RGO），－極にはn型ドープ SW-CNT 層を用いており，まさにオールカーボン太陽電池と呼べるものである。変換効率はまだ 0.4 %程度であるが今後の展開が期待される[108]。また，n-Si 基板の上にスパッタ法で作製したボロン（B）ドープの p-アモルファスカーボン，i 型グラフェン（GLC），窒素（N）ドープの n 型アモルファスカーボンからなる pin 型オールカーボン太陽電池で変換効率 3.5 %（$\eta=3.25$ %，$V_{oc}=0.4$ V，$J_{sc}=33.2$ mA/cm^2，$FF=0.24$）が報告されている[109]。安価で無尽蔵といってよいカーボン材料だけで高性能な太陽電池が作製できる可能性がある。

5 太陽光発電システム

5.1 太陽光発電システム

太陽光発電システムとは，2.1 節で説明したように太陽電池が太陽光を受けて発電した直流電流をパワーコンディショナ（power conditioning system, PCS：インバータなどを含む直流交流電力変換装置とその制御・保護系で構成される機器）により交流に変換して，電気機器の使用を可能にするシステムをいう。また，系統連系に送電できるシステムも含む。系統連系とは，発電設備を電力会社の送電線や配電線に接続して運用することをいう。**表 5.1** に太陽光発電システムの分類を示す。大きく分けて独立型と系統連系型システムがある。系統連系システムには住宅用太陽光発電（10 kW 未満）と大規模太陽光発電システムがあり，大規模太陽光発電システムの中には産業用太陽光発電システム（10 ～ 1 000 kW）と太陽光発電所・メガソーラー（1 000 kW 以上）がある。

表 5.1　太陽光発電システムの分類

- 太陽光発電システム
  - 独立型……離島，灯台，航路標識，移動電源用
  - 系統連系型
    - 住宅用太陽光発電システム（10 kW 未満）
    - 大規模太陽光発電システム
      - 産業用太陽光発電システム（10 ～ 1 000 kW）
      - 太陽光発電所・メガソーラー（1 000 kW 以上）

5.1.1　独立型太陽光発電システム

独立型太陽光発電システムとは，系統連係と完全に切り離され，他の補助電源を持たない太陽光発電システムを指す。離島や岬の先端の灯台，航路標識の電源や持ち運び可能な移動携帯電源として使用する。普通は太陽光発電の能力と電力需要とのミスマッチを防ぐため，蓄電池を装備する。**図 5.1** に 1966 年に長崎県平戸島の先の離島である尾上島に設置された当時世界最大の 225 W の灯台用太陽光発電システムを示す[110)]。1978 年に量産 2 号機に変更された。2 号機は 2009 年に新型モジュールに変更されるまで 31 年間稼働した。独立型太陽光発電システムは，震災などにより系統電源が停止した際に，緊急時の電源確保手段としても有用である。

1966 年の設置時には世界最大の 225 W の灯台用の
太陽光発電システムであり，2009 年まで稼働した。

図 5.1　長崎県平戸市の離島，尾上島に設置された独立型太陽光発電システム〔写真提供：海上保安庁〕

5.1.2　住宅用太陽光発電システム

近年，日本における住宅用太陽光発電システムの設置数の増加は著しく，前述したように 2015 年末において 170 万戸，2016 年 6 月までに 200 万戸の住宅に太陽光発電システムが導入されている。住宅用太陽光発電システムは，太陽電池アレーとパワーコンディショナ，分電盤，電力量計から構成される。分電盤では，太陽電池で作られ交流に変換された電流が各部屋へ分配され，照明器具や冷蔵庫などの電気機器で使用される。また，発電した電力が足りない場合は商用電力系統からの交流電流を，買電用電力量計を通して分電盤に取り入れ各部屋に分配する。また，発電した電流が余った場合は，分電盤から売電用電力量計を通して商用電力系統に流し電力会社に売電する。この住宅用システムを非常時の独立型太陽光発電システムとして使用したい場合は，リチウムイオン蓄電池などをシステムに接続しておく。そうすれば災害等で停電が起きた場合の安定電源として役立つ。

さて，一般家庭では，どれくらいの規模の太陽光発電システムが必要だろうか。総務省統計局の資料によると，2015年の2人以上の世帯の平均消費電力は5 023.5 kWhである[111)]。一方，240 Wの太陽電池モジュールを18枚使用した4.32 kWの住宅用太陽光発電システムを用いた日本各地での年間予想発電量を**表5.2**に示す[112)]。日本各地の7ヵ所の平均の年間発電予想量は4 775.8 kWhとなる。長野県松本市では5 479 kWhであり，2015年の2人以上の世帯の平均消費電力5 023.5 kWhに匹敵する。家庭での消費電力をすべて太陽光発電システムで賄うには4～5 kWの住宅用太陽光発電システムがあればよいことになる。では，4.32 kWの太陽光発電システムを設置するには，どれくらいの屋根の広さが必要だろうか。表5.2の例では，240 W（1.48 m×1.00 m＝1.48 m^2）の太陽電池モジュールを18枚用いているので，1.48 m^2×18枚＝26.64 m^2＝8.07坪＝畳16枚＝8畳2間分の広さがあれば足りることになる。2016年12月の太陽光発電システムの価格は，システム費と標準工事が含まれたモデル価格（税込）で1 kW当り，26～37万円となっている[113)]。4.32 kWの太陽光発電システムであれば約113～160万円で設置できることになる。住

表5.2　住宅用太陽光発電システムを用いた日本各地での年間予想発電量

都市名	札幌市	仙台市	東京都	松本市	大阪市	福岡市	那覇市
年間予想発電量〔kWh〕	4 572	4 661	4 519	5 479	4 718	4 741	4 741

240 Wの太陽電池モジュールを18枚用いた4.32 kWシステムを使用。太陽電池は真南，傾斜角30°で設置

宅用太陽光発電システムには太陽電池モジュール以外に，パワーコンディショナ，分電盤，発電モニタ，設置架台，リモコン，ケーブル，その他が必要であり，工事費として架台工事費，太陽電池モジュール設置費，電気配線工事費が必要である。太陽電池モジュールとそれ以外の費用（balance of system, BOS）の割合は，約1：1と考えてよいだろう。**図5.2**に住宅用太陽光発電システムの集中連携システムの実証研究が行われた群馬県太田市Pal Town城西の杜の写真を示す[114]。団地には553戸の住宅に太陽光発電システムが設置され，集中連係時に起きる問題点の把握やその解決のための実証試験が平成14年から6ヵ年検討された。

図5.2　住宅用太陽光発電システム実証試験地区（群馬県太田市Pal Town城西の杜）の様子
〔出典：新エネルギー・産業技術総合開発機構，集中連携型太陽光発電システム実証研究〕

5.1.3　大規模太陽光発電システム

1 000 kW（1 MW）以上はメガソーラー，太陽光電所と呼ばれる。後で述べる再生可能エネルギー電力の固定価格買取制度（FIT）が2012年7月に実施されて以来，太陽光発電システム設備の導入は大幅に増加した。**表5.3**に設備

表 5.3 太陽光発電システム運転開始済み設備容量〔GW〕の推移

統計年月	住宅用太陽光発電システム（10 kW 未満）	大規模太陽光発電システム（10 kW 以上）		導入量総計
		産業用（10 ～ 1 000 kW）	メガソーラー（1 000 kW 以上）	
2014 年 1 月末	2.10（28.4 %）	3.68（49.6 %）	1.63（22.0 %）	7.41
2015 年 1 月末	2.95（18.2 %） 65 万件	8.91（27.0 %） 24 万件	4.39（54.8 %） 2 230 件	16.25
2016 年 5 月末	8.77（26.0 %）	24.91（74.0 %）		33.68

導入の推移を示す。2016 年 5 月時点の太陽光発電システムの運転開始済みの設備累積導入は 33.7 GW となり，表 1.7 からもわかるように日本の電力供給の 3.3 %以上を占めている。

太陽光発電システムの規模・設備容量が大きくなると，太陽電池モジュール（パネル）の数が増加して発生する電流や電圧が大きくなり，それに対応する設備が必要になる。例えば，商用電力系統への接続の際には，規模に応じた変圧器や変電所などが必要になる。**表 5.4** に設備容量に応じた系統連係区分を示す[115]。設備容量や電圧区分などにより，低圧連係，高圧連係，特別高圧連係の三つに区分されている。高圧連係や特別高圧連係では，大掛かりな受変電設備が必要となる。電力需要家としては，それぞれ，住宅・商店，小規模工場・ビル，大規模工場が対象となっている。

表 5.4 太陽光発電システムの設備容量に応じた系統連係区分

連係区分	低圧連係	高圧連係	特別高圧連係
設備容量	～ 50 kW	50 kW ～ 2 MW	2 MW ～
電圧区分	～ 600 V	600 ～ 7 000 V	7 000 V ～
受電設備	低圧配電線 柱上変圧器で 降圧して配電 100 V・200 V	高圧配電線 配電用変電所か ら柱上変圧まで 6 600 V	送電線 2 次変電所から 送電線まで 33 000 ～ 66 000 V
需 要 家	住宅・商店	小規模工場・ビル	大規模工場
太陽光発電の連携契約	低圧連係 単層 3 線・三相 3 線	高圧連係 三相 3 線	特別高圧連係 三相 3 線・中性点設置

〔1〕 **産業用太陽光発電システム**　　10 kW 以上 1 000 kW 未満の産業用太陽光発電システムは，2015 年 1 月末の統計によると日本全国で約 24 万ヵ所も存在し，太陽光発電システム設備容量の半分以上，54.83 % を占める。低圧連係から高圧連係に属するものまでさまざまだが，倉庫や工場，集合住宅，オフィス・ビル，病院・市役所などの公共施設の屋根や遊休地などに設置されている。**表 5.5** にその例を示す[116]。

表 5.5　産業用太陽光発電システムの例

利用例	所在地	所有者	設備容量〔kW〕
1. 遊休地を利用した例	岐阜県羽島市	天王設備工業	49
2. 工場や施設の屋上を利用した例	京都府長岡京市	レンゴー	400
3. 公共施設や庁舎の屋上を利用した例	奈良県御所市	御所浄水場	790

〔出典：シャープホームページ：産業用太陽光発電システム，
http://www.sharp.co.jp/business/solar/mid-scale/〕

〔2〕 **メガソーラー・太陽光発電所**　　設備容量が 1 000 kW すなわち 1 MW 以上の太陽光発電所・メガソーラーは日本全国で，2015 年 1 月末の統計によると 2 230 ヵ所存在し，太陽光発電システムの設備容量全体の 27 % を占めている。また，その後もメガソーラーの数は増えている。メガソーラーの本格的導入に先駆けて，国の研究機関である NEDO は 2006 年から 2011 年にかけて「大規模電力供給用太陽光発電系統安定化等実証研究」プロジェクトを北海道の稚内市，稚内サイトと山梨県の北杜市，北杜サイトで行った。このプロジェクトではメガソーラーで想定される種々の実証試験が行われた[117]。

図 5.3 は稚内サイトでのメガソーラー実証試験システムの全景を示す。また，**図 5.4** にはその構成図を示す。約 5 MW の太陽電池パネルと 1.5 MW 相当のナトリウム-硫黄蓄電池（NAS 電池）で構成されている。太陽電池パネルで発電された直流電力は 1 ～ 2 太陽電池アレーごとに接続箱で集められ，パワーコンディショナ（PCS）で交流に変換される。一部高圧出力 PCS も試験された。交流に変換された電力はサブ変圧器で 420 V から 6 600 V（6.6 kV）まで

図 5.3 北海道・稚内サイトの 5MW メガソーラー実証試験システムの全景〔提供：新エネルギー・産業技術総合開発機構（NEDO），大規模太陽光発電システム導入の手引書，平成 23 年 3 月〕

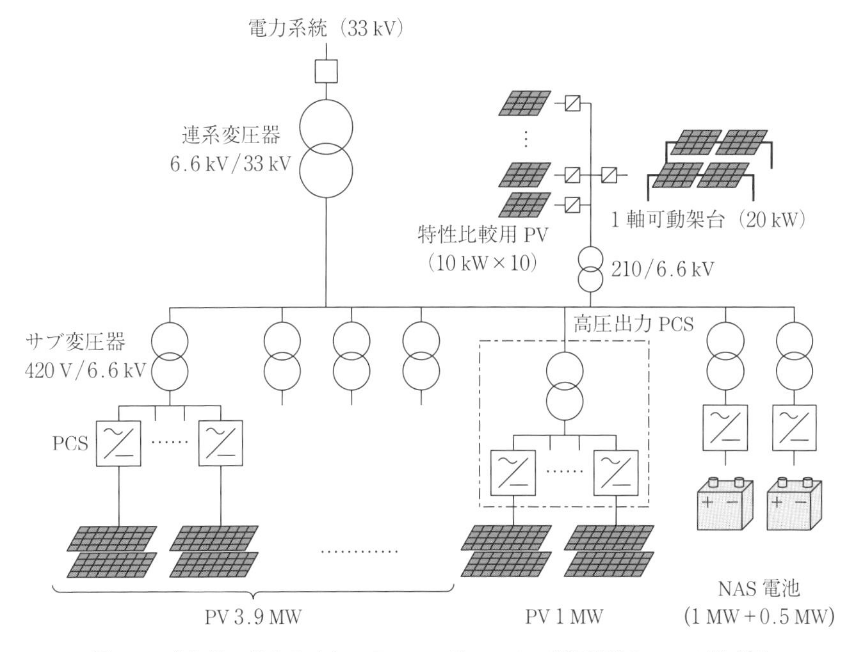

図 5.4 北海道・稚内サイトの 5 MW メガソーラー実証試験システム構成図〔提供：新エネルギー・産業技術総合開発機構（NEDO），大規模太陽光発電システム導入の手引書，平成 23 年 3 月〕

昇圧され，さらに連係変圧器により6.6 kVから33 kVまで昇圧され，北海道電力の33 kVの特高系統に連結されている。本システムでは，① 各種太陽電池モジュールの特性，② モジュール設置架台の傾斜角，高さ，重量など，③ 1軸可動架台による南北-水平設置の影響，④ 高出力（6.6 kV）PCSの性能，⑤ NAS電池の性能，⑥ 出力管理システム，⑦ 各種データ計測装置，⑧ 系統安定化技術などの評価試験が行われ，メガソーラーの設計，建設，稼働に有用なデータが蓄積された。**図5.5**には高出力PCSとNAS電池システムの外観を示す。また，メガソーラーには図で示した設備以外に，サブ変電所，GIS（ガス絶縁開閉装置）・特別高圧トランス，特別高圧変電所，特別高圧送電設備開閉所，特別高圧送電線塔の設備などが必要とされる。**図5.6**に山梨県の北杜サイトのメガソーラー実証試験システムのこれら設備を示す[117)]。

（a） 高出力PCS（6.6 kV 定格出力 1 000 kW）

（手前より，PCS（1 MW），NAS電池（1 MW），おのおの（0.5 MW）の建屋）
（b） NAS電池システムの外観

図5.5　高出力PCSとNAS電池システムの外観

2012年7月の再生可能エネルギー電力の固定価格買取制度（FIT）の発足以来，数多くのメガソーラーが，これらの実証試験の結果を基礎として建設されている。現在，日本最大のメガソーラーは，2015年10月1日から営業運転を開始している青森県の六ヶ所村にある「ユーラス六ヶ所ソーラーパーク」で，**図5.7**に示す鷹架（たかほこ）地区と千歳平北（ちとせだいらきた）地区の二つの地区に分かれている。合わせて東京ドーム50個分に相当する253万平方

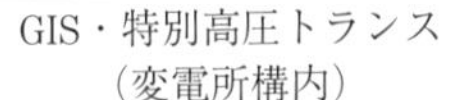

GIS・特別高圧トランス
（変電所構内）

変電所 6 600 V → 66 000 V 特高昇圧

開閉所

400 kWPCS×3 台を
コンテナ収納

サブ変電所（6 600 V 配線）
430 V → 6 600 V 高圧昇圧

特別高圧送電線塔

図 5.6 山梨県・北杜サイトのメガソーラー実証試験システムで使用された設備
〔提供：太陽光発電協会（JPEA）：JPEA PVJapan2012 併催セミナーの講演資料：
公共・産業用太陽光発電システム設計と系統連系のポイント〕

メートルの土地に，約 51 万枚の単結晶 Si 太陽光パネルが設置され，その総出力は交流出力 115 MW で，年間の発電量は，一般家庭約 3 万 8 000 世帯の消費電力量に相当し，発電した電力は東北電力に全量売電している[118]。さらに，岡山県の瀬戸内市の「錦海塩田跡地」に最大規模の 231 MW になる予定の「瀬戸内 Kirei 太陽光発電所」が建設中であり，2019 年には運転は開始される予定である[119]。また，ソーラーシェアリングを行うメガソーラーも建設されている。ソーラーシェアリングとは，農地に支柱を立てて上部空間に太陽光発電設備等の発電設備を設置し，農業と発電事業を同時に行うことをいう。岐阜県の美濃加茂市にある 1.5 MW の「美濃加茂エネルギーファーム」では，25 000 m^2 の敷地に高さ 2.5 m の架台を並べて，その上に 6 500 枚の太陽光パネルを設置している。架台の下には太陽光が入り込む空間を確保して，農作物であるサカキが 6 000 本とセンリョウが 3 000 本栽培されている[120]。

（a） 鷹架地区のメガソーラーの外観

（b） 千歳平北地区のメガソーラーの外観

図5.7 青森県の六ヶ所村にある日本最大のメガソーラー「ユーラス六ヶ所ソーラーパーク」の全景〔提供：株式会社ユーラスエナジーホールディングス〕

5.2 太陽光発電システムの商用化

5.2.1 日本における太陽光発電システムの商用化の歴史

表5.6に日本における太陽光発電システムの商用化の歴史を示す。日本での太陽電池の開発は早く，表2.2に示したように単結晶Si太陽電池の試作が1955年に成功している。そして1958年には早くも東北電力信夫山無線中継所に設置され，1966年に長崎県尾上島に灯台用太陽光発電システムが整備された。しかし，これらは商用化ではなく実証的設備であった。当時は，太陽電池

表 5.6 日本における太陽光発電システムの商用化の歴史

1973 年	第一次オイルショック…化石燃料代替エネルギーとして太陽エネルギーが注目される。
1974 年	通産省「サンシャイン計画」の策定…太陽光発電システムの商用化研究開発が盛り込まれる。
1980 年	旧 NEDO（新エネルギー総合開発機構）が発足…産官学による太陽光発電システムの研究開発の推進。
1993 年	「系統連係技術ガイドライン」の策定…住宅用太陽光発電システムの余剰電力の売電が可能となる。 通商産業省「ニューサンシャイン計画」の策定…結晶 Si 太陽電池低コスト化，CIS 太陽電池技術開発。
1994 年	「新エネルギー導入大綱」の策定…国として再生可能エネルギーなどの新エネルギー導入の方向決定。 「太陽光発電システム補助金制度」の発足…住宅用太陽光発電システム購入の際の補助金の支給。
1997 年	京都議定書の採択…温室効果ガスの削減対策として再生可能エネルギーの積極的な導入促進。
1999 年	日本の太陽電池生産量，世界一となる。省エネ法などの国の誘導策により太陽電池の需要拡大の結果。
2001 年	新 NEDO の太陽光発電システムの商用化研究開発の続行…産官学一体での大型研究開発を継続。
2003 年	「RPS 法」の施行…電力会社などの電気事業者に対して再生可能エネルギー電力の使用を義務付ける。
2004 年	ドイツ「自然エネルギー法（EEG）」の改正…2012 年まで太陽光発電導入量が日本を大幅に上回る。
2009 年	「太陽光発電の余剰電力買取制度」の施行…開始時の余剰電力の買取価格は 48 円/kW。
2012 年	「固定価格買取制度（全量買取）FIT 法」の施行…以後，太陽光発電システム導入量が急激に増加。
2017 年	改正 FIT 法の施行…FIT 法の問題点を是正して再生可能エネルギーの最大限の導入と国民負担の抑制。

の製造コストは非常に高く，とても一般向けの商用製品にはならなかった。しかし，1973 年に起きた第 1 次オイルショックが，エネルギー資源小国である日本の脆弱なエネルギー供給体制に危機感を与え，国策的に石油代替エネルギー，特に太陽エネルギー技術の開発を推進する契機となった。それが 1974 年に通商産業省が策定した「サンシャイン計画」である。これにより産官学の

大型の国家研究開発プロジェクトが実行された。以後，1993 年に発足する後継の「ニューサンシャイン計画」とともに「サンシャイン計画」は日本の太陽光発電システムの開発に大きな貢献をした。日本の太陽電池メーカーのほとんどが，これらのプロジェクトの中で育ち，発展していった。そして，1999 年には日本の太陽電池生産量は世界一となった。

しかし，太陽光発電システムは依然として高価で，一般社会には広く普及はしなかった。また，初期の太陽光発電システムの導入は住宅用太陽光発電システムがほとんどであった。産業用あるいは太陽光発電所用の用途としては，とても採算がとれるものではなかった。そこで，政府は普及導入促進策として，1993 年に住宅用太陽光発電システムの余剰電力の売電が可能となる「系統連係技術ガイドライン」を，1994 年には住宅用太陽光発電システム購入の際，補助金を受けることができる「太陽光発電システム補助金制度」を発足させた。初年度は 1 kW 当り 90 万円の補助が受けられ，購入金額の 1/2 補助であった。3 kW の住宅用太陽光発電システムを購入する場合，その価格は 540 万円で，その半額の 270 万円の補助が受けられたことになる。現在，3 kW の住宅用太陽光発電システムは 105 万円程度で購入できる，当時はいかに高価であったかがわかる。この補助金制度は 2005 年までの 12 年間続けられ，約 25 万件の住宅に 1 340 億円の補助金が投じられ 93.2 万 kW の太陽光発電システムが導入された。その後，3 年間は補助金制度が中止されたが，ヨーロッパを中心とする世界的な太陽光発電システムの導入ブームにより 2009 年から補助金制度は再開された。2012 年までには 100 万戸の住宅に太陽光発電システムが導入され 4 10 万 kW（4.1 GW）の累積導入量を達成した。また，2003 年には電力会社などの電気事業者に対して，その販売電力量に応じた一定割合以上の新エネルギー電力の利用を義務付ける「電気事業者による新エネルギー等の利用に関する特別措置法（RPS（renewables portfolio standard）法）」が施行されたが，再生可能エネルギーの導入はなかなか進まなかった。

一方，ドイツをはじめとするヨーロッパ諸国では，2000 年代に太陽光発電を中心とする再生可能エネルギー導入に対する積極的な施策が行われた。ドイツは，2000年に再生可能エネルギー法または自然エネルギー法とも呼ばれるEEGを導入し，固定価格買取制度（全量買取）を実施した。太陽光発電による電力の買取価格は当初50.62ユーロセント/kWhときわめて高い額であった。さらに，2004年には太陽光発電の拡充を図る目的で，再生可能エネルギー法の改正（改正EEG）が行われ太陽光発電システムの導入は大きく伸びた。ドイツの太陽光発電システムの導入量は，2004年ころから日本の導入量を上回り，以後急激な伸びを示した。日本政府は，このような状況も鑑み，RPS制度に代わり2012年7月から固定価格買取（FIT）制度を導入した。FIT制度の導入により，日本の太陽光発電システム導入量は大幅に伸びる結果となった。

5.2.2 日本における太陽光発電システムの導入実績と今後の予想

世界エネルギー機関（IEA）の報告によると，2015年までの日本の太陽光発電システムの累積導入量は42.0 GWとなり，中国，ドイツについで世界第3位である。**図5.8**に日本の太陽光発電システムの累積導入量の年次展開を示す[121]。住宅用太陽光発電システム購入補助金が開始された直後の1996年には，わずか6万kWの導入量であった。そして，10年後の2006年には170.9万kWと約29倍になり，10年間で1 GW増加した。さらに，2012年のFIT制度の発足後の2013年には1年間で約7 GW増加し，その後は単年度で約10 GWずつ増加している。FIT制度が，太陽光発電システムの導入にいかに大きな効果があったかわかる。また，2012年末の導入量の内訳は，10 kW未満の住宅用太陽光発電システムが74.4 %，10 kW以上1 000 kW以下の産業用太陽光発電システムが18.4 %，メガソーラーが7.2 %と，住宅用太陽光発電システムの導入が圧倒的であった。しかし，FIT施行後の2015年10月までの導入量の内訳は，10 kW未満の住宅用太陽光発電システムが15.2 %，10 kW以上1 000 kW以下の産業用太陽光発電システムが54.2 %，メガソーラーが30.7 %と，産業用とメガソーラーシステムが圧倒的で約85 %を占めている。FIT施行後では，売電を目的として事業を行う企業体での導入が進んでいることがわかる。

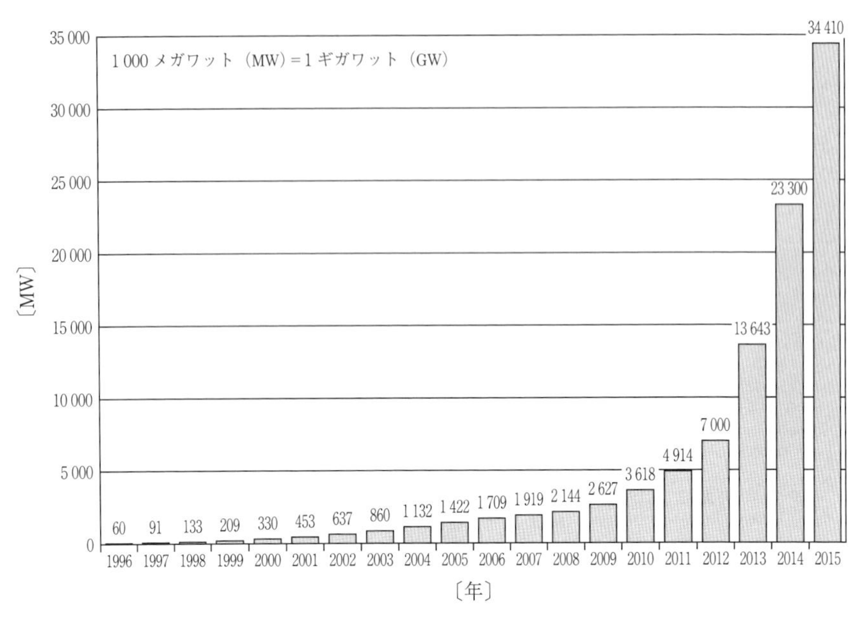

図 5.8　日本の太陽光発電システムの累積導入量の年次展開

このように近年，太陽光発電システムの市場への導入が進んでいるが，表1.7や表4.1で見たように日本の総発電量に対する太陽光発電の割合は，わずか3.3％である。では，今後の日本における太陽光発電システムの導入量はどのように推移するのだろうか。太陽光発電協会（JPEA）によると，**図5.9**のような予測を行っている[122]。すなわち，2015年の導入量は34.4 GWであるが，今後は2020年頃には69 GW，2030年には100 GWが導入されると予測している。政府のFIT制度の情報公表用ウェブサイト[123]のデータによると，2016年6月末の太陽光発電システムの設備認定容量の総計は87.4 GWであり，このまま行けば2030年における累積導入量は100 GWを大きく上回る可能性がある。JPEAの予測によると2020年の累積導入量は69 GW，これによる太陽光発電の総発電量は77 424 GWhで，国内総電力発電量に占める割合は8.4％となり，2030年の100 GWによる総発電量は112 412 GWhで，国内総電力発電量に占める割合は12.2％となるとしている。すなわち，太陽光発電は，

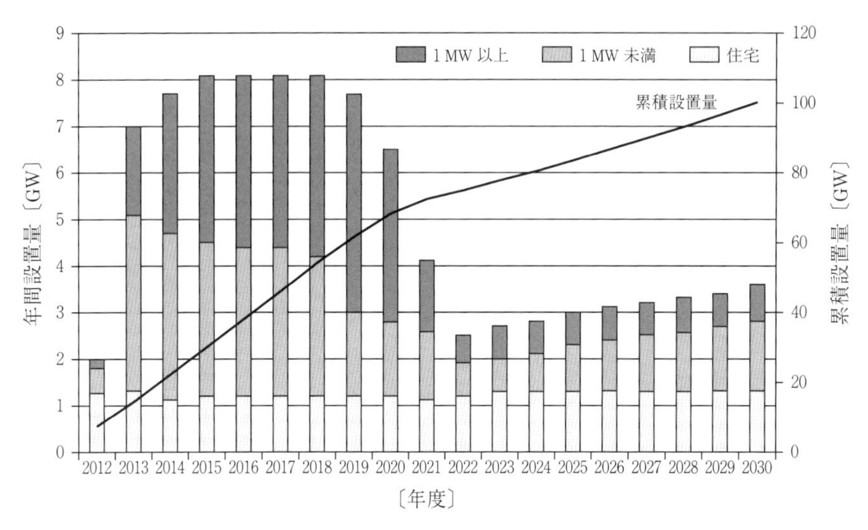

図 5.9 JPEA による日本の太陽光発電システムの導入予測
〔出典：太陽光発電協会，PV OUTLOOK 2030 - 2030 年に
向けた確かな歩み，2015 年 3 月〕

もはやマイナーな発電源ではなく，石油を上回る国内の主力発電源の一つとなることを示唆している。また，エネルギー白書 2014 によると，家庭部門の電力消費は全体の電力消費の約 1/3 を占めている。その家庭部門の消費電力をすべて太陽光発電システムで賄うとすれば，約 260 GW の設備容量が必要になる。毎年 6 GW の太陽光発電システムの設備容量の導入を続けてゆけば 2055 年頃には約 260 GW の設備容量となり，すなわち，家庭部門の消費電力をすべて太陽光発電システムで賄うことが実現することになる。まさに，太陽光発電は日本の 21 世紀の主力発電源，主力エネルギー源の一つとなりそうである。

5.2.3 固定価格買取制度

このように日本の太陽光発電システムの導入に大きな役割を果たした，固定価格買取制度（Feed-in Tariff，FIT）について見てみよう。すでに述べたように，政府はヨーロッパ諸国における再生可能エネルギー発電の導入促進に大きな役割を演じた FIT を，国内において従来から施行していた RPS 法に代えるかたちで2012年7月1日から施行した。正式な法律名は「電気事業者による再生可能エネルギー電気の調達に関する特別措置法」であるが，通称Feed-in Tariff：FIT法と呼ばれている。その目的は，まだコストの高い再生可能エネルギーの普及を社会全体で支え，普及を進めようというものである。日本の再生可能エネルギーを育てる制度といってもよい。太陽光，風力，水力，地熱，バイオマスなどの再生可能エネルギーによって発電した電力を，発電事業者が電力会社に10～20年の一定期間，比較的高い買取価格（tariff）で買い取ることを義務づける。これにより，再生可能エネルギーによる発電事業者が設備投資など，必要なコストの回収の見込みを立てやすくなり，新たな取組みが促進されることを狙っている。電力会社が買い取った再生可能エネルギー電力は，送電網を通じて一般家庭を含む電力需要者に配電される。電力会社が買い取る再生可能エネルギー電力の費用は，電力需要者が電気料金と合わせて，「賦課金」（税金）を負担する仕組みである。平たくいうと，当面，電力需要者は従来の電力より高い電力を買わせられるということになる。それにより，再生可能エネルギー利用を増やし，地球温暖化の解決にも貢献しようという政府の意図が込められている。

図5.10にFITの概要を示す[124)]。再生可能エネルギー電力の買取価格や買取期間，賦課金額は，調達価格等算定委員会からの答申を受けて経済産業大臣が決定することとなっている。また，電力需要者から徴収した賦課金は電気事業者（電力会社）を経て費用負担調整機関に入り，費用負担調整機関は電気事業者に電力買取費用を交付することになっている。**表5.7**にはFITによる太陽光発電電力の買取価格の推移を示す[125)]。産業用・メガソーラー用である10 kW以上の太陽光発電システムの2012年度設備認定分の電力買取価格は40円/kWhで，10 kW未満の家庭用太陽光発電システムについては42円/kWhと，かなり高額で買い取られた。一般家庭用の電力料金は20～25円/kWhであるから，発電業者にとってはかなり利益が出たはずである。しかも，買取期間が10～20年であるから安定な収入が得られる。ただ，買取価格は年々引き下げられ2016年には10 kW以上の産業用システムで24円/kWh，10 kW未満の住

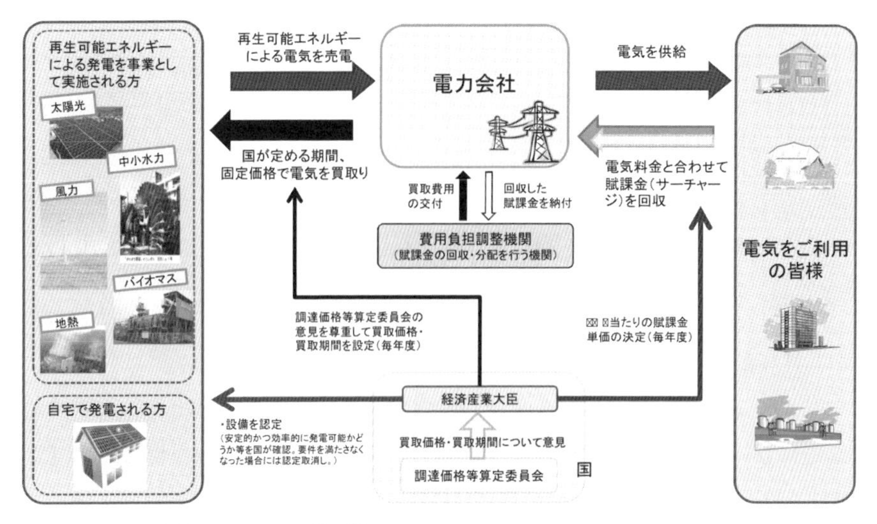

図 5.10 FIT の概要[127)]
〔出典：資源エネルギー庁ホームページ：なっとく！再生可能エネルギーの資料をもとに作成〕

表 5.7 太陽光発電からの電力の FIT による買取価格の推移

太陽光発電の規模	買取価格〔円 / kw〕					買取期間〔年〕
	2012 年	2013 年	2014 年	2015 年	2016 年	
10 kW 以上（税別）	40	36	32	29 ～ 27	24	20
10 kW 未満（税込）	42	38	37	35 ～ 33	33 ～ 31	10
ダブル発電	34	31	30	29 ～ 27	27 ～ 25	10

〔出典：資源エネルギー庁の資料をもとに作成
http://www.enecho.meti.go.jp/category/saving_and_new/saiene/kaitori/kakaku.html〕

宅用システムで 33 ～ 31 円/kWh となっている。ダブル発電とは太陽光発電システムと都市ガスを併用して発電するシステムであり，買取価格が若干低く設定されている。高額買取を続けると，再生可能エネルギー電力の普及に伴い，一般国民が負担する賦課金が多くなってしまう。**表 5.8** に賦課金の推移を示す[126)]。2012 年の賦課金単価 0.22 円/kWh が 2016 年に 2.25 円/kWh と約 10 倍となっている。経済産業省によると 2015 年 12 月の一般家庭（東京電力）の電気料金は 7 518 円/月であり，その際の再エネ賦課金が 458 円となっており電気料金の約 6 %を占めている。2016 年には 8 %を超えると思われ，国民の

表 5.8　固定価格買取制度の開始により国民が負担する電力に対する賦課金

	固定価格買取制度による賦課金〔円〕				
	2012 年	2013 年	2014 年	2015 年	2016 年
賦課金単価〔/kWh〕	0.22	0.35	0.75	1.58	2.25
標準家庭月額	66	105	225	474	675

※標準家庭の 1 ヵ月当りの電力使用量を 300 kWh として計算
〔出典：資源エネルギー庁の資料をもとに作成
http://www.enecho.meti.go.jp/category/saving_and_new/saiene/kaitori/kakaku.html
http://www.itmedia.co.jp/smartjapan/articles/1503/20/news029.html〕

負担が大きい。

ちなみに，ドイツでは 2013 年度の賦課金単価が 7.39 円/kWh で，日本の約 20 倍になっている。FIT は日本の太陽光発電システムの大幅な導入に大きな役割を果たしているが，一般国民に賦課金を支払うという大きな負担を強いているので，今後これを解消してゆく手段が求められる。

5.2.4　改正 FIT 法の施行

2012 年からの FIT 法の施行から 4 年を経て，いくつかの問題点が明らかとなってきた。例えば，認定した設備の約 30 %が未稼働であること，実施事業の保守・点検・改善に対する適切な指示ができない，国民の負担が増加，認定設備の約 90 %が事業用太陽光電であり，風力や地熱発電など他の再生可能エネルギーの認定が少ないなどである。これらの課題を解決するため改正 FIT 法では，① 発電事業の実施可能性を確認したうえで認定する新たな制度を創設，② 違反時の改善命令・認定取消を可能とする適切な事業実施を確保する仕組みの導入，③ 国民負担低減のための買取価格の低下を実現するため入札制度などを導入，④ 地熱等のリードタイムの長い他の再生可能エネルギー電源の導入拡大，⑤ 買取義務者を小売電気事業者等から一般送配電事業者等に変更するなど電力システム改革を活かした導入拡大などを考慮し，2017 年 4 月 1 日から改正法を施行した。再生可能エネルギーの最大限の導入と国民負担の抑制の両立を目的としている[127]。

5.2.5　各国における太陽光発電システムの導入実績

図 5.11 には 2015 年度の各国の太陽光発電システムの累積導入量を示す[128]。ドイツに代わり中国がトップとなり 43.5 GW，ついでドイツの 39.7 GW，日本の 34.4 GW，アメリカの 25.6 GW，イタリアの 18.9 GW と続き，世界全体で 227.1 GW となった。これで表 1.4 に示したように世界の発電量のうちの 1.2 %を占めることになった。トップファイブの国々で全体の 71 %余りを占めている。また，世界全体で 1 年間に約 50 GW が増加していることがわかる。この傾向は，今後も続くと考えられる。1.14 節で述べたようにシェル社が発表したニュー・レンズ・シナリオの一つであるオーシャンズシナリオによると，太陽光発電システムの導入予測量は 2019 年頃に 500 GW，2030 年には 1 800 GW，2050 年には 20 000 GW と予測され，2100 年には太陽光発電は，石油・天然ガスなどを含むすべてのエネルギー源の中で最大のエネルギー源となり，21 世紀以降の中心的なエネルギー源になることが予想されている。

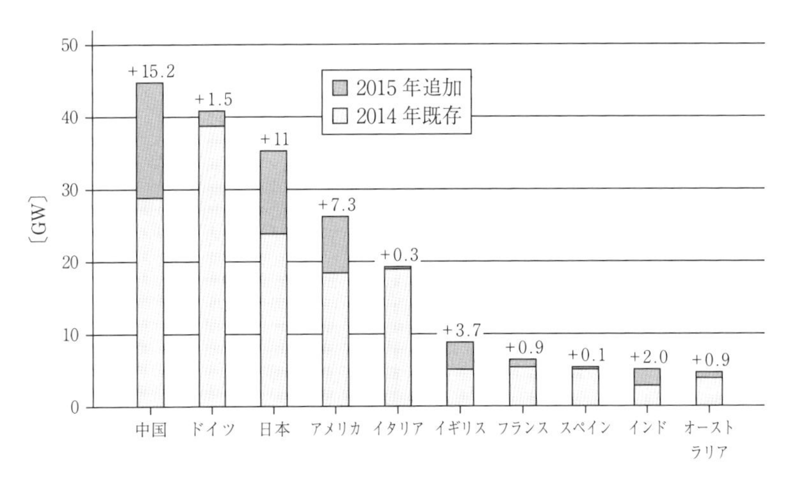

図 5.11　2015 年度の世界の太陽光発電システムの国別導入量
〔出典：環境エネルギー政策研究所：自然エネルギー白書 2016 サマリー版，p.5〕

5.3　太陽光発電システムのこれからの課題

FIT 制度は，日本の太陽光発電システムの導入に著しい効果を挙げている。では，太陽光発電システムの大量導入によるメリット，デメリットとは何だろうか。**表 5.9** に太陽光発電システムの大量導入の功罪を示す。太陽光発電の大量導入の最大のメリットは，日本のエネルギー供給の安定性の向上である。日本はエネルギー資源小国で，エネルギー自給率は欧米諸国に比べて著しく低く，5 %程度であるが，2030 年には自給率 10 %以上にはなると予想される。エネルギー自給率が増えると，エネルギー供給の安定化や多様化が増し，また海外からの化石燃料の購入が減るので経済的にもメリットがある。また，パリ協定が発効した現状において地球温暖化問題の解決にも，CO_2 の削減という観点から貢献できる。さらには，3 兆円規模といわれている太陽光発電事業の新しい市場や雇用の創出，それによる経済の活性化，地方の活性化も見込まれる。

一方，デメリットとしては国民全体への賦課金の負担と太陽光発電所建設に

表 5.9　太陽光発電システムの大量導入の功罪

	メリット
(1)	エネルギー自給率の向上 ・エネルギーの安定供給 ・エネルギーの多様化 ・エネルギーセキュリティの向上 ・海外からの化石燃料購入費の削減
(2)	地球温暖化問題の解決に貢献 ・CO_2 の排出削減 ・温暖化対策費の抑制
(3)	新しい産業と雇用の創出 ・日本経済の活性化 ・太陽光発電システム関連産業の国際競争力の強化
	デメリット
(1)	国民全体への賦課金の負担
(2)	大規模太陽光発電所建設による環境破壊の危惧

よる環境破壊の危惧などが考えられる。

〔1〕 **国民全体への賦課金負担の低減** FITは発電者からの電力の買取価格を高くして，一方で電力会社からの売電価格を低く抑えている。その差額を，国民全体が賦課金として支払う仕組みとなっている。これは太陽光発電システムの導入促進策としての過渡的措置であり将来的に解消すべきものである。しかし今後，再生可能エネルギー電力の導入が増えるにつれて，ますます賦課金の額は大きくなる。前述したように，2000年からFITの導入を行っているドイツでは，2016年に標準家庭の月額賦課金は2500円となり，日本の2016年の標準家庭の月額賦課金675円の約3.7倍となっている。日本でも将来，ドイツのような状況になるかもしれないが，しかしFITの有効期間の20年が終了した後でも太陽光発電システムは稼働が可能（寿命は30～40年といわれている）であり，その頃の電力料金は格段に下がる可能性がある。つぎの世代へのプレゼントになるかもしれない。賦課金解消のための最も重要な解決策は，太陽光発電システムの低コスト化である。太陽電池コストの低価格化，太陽電池の変換効率の向上，システム設置費の低価格化などが達成できれば，賦課金なしに太陽光発電システムが市場に導入されるはずである。この点についても，研究・技術開発など産官学の一体化した取組みが必要である。

〔2〕 **太陽光発電所建設による環境破壊の危惧** FITにより太陽光発電が収益性の高い売電事業となったため，売電事業を目的とする小規模発太陽光発電システムが数多く設置され，それにより住環境や景観の破壊，森林の乱開発などの問題が山梨県北杜市などで発生していることが指摘されている[129)]。法規制の整っていない状態で，悪徳業者による粗雑な工事や環境に対する配慮のない工事も含まれているが，太陽光発電所建設の環境への負荷は考慮されなければならない。100 MW級の大規模太陽光発電所が全国各地の広範囲な土地で建設され，大規模開発による環境破壊や反射光・熱被害などによる被害なども指摘されている。太陽光発電所の建設に当たっては環境負荷に対する十分な評価が必要である。

また，これからの安定的な太陽光発電の電力の供給には，以下のような課題も挙げられている。すなわち，広域系統連係の整備，バックアップ電源の確保と蓄電設備の整備，発電量予測の精度向上，グリッド・パリティの実現などである。

〔3〕 **広域系統連係の整備**　太陽光発電システムの設備認定量は地域により異なる。太陽光発電所の建設用地確保の難易度や日射量などが地域により違うからである。日本全国の10電力会社のうち遊休地の多い北海道，東北，中国，四国，九州，沖縄地区では，総発電量に対する太陽光発電の割合が多くなると予想され，系統接続に制限をかける動きがあった[130)]。太陽光発電の系統接続により配電用変電所に大量の太陽光発電による逆潮流が発生し，送電線の張替や変圧器の増強に迫られるようになったからである。換言すれば，地域の消費電力に対応する以上の太陽光発電による電力が生じるようになったからである。

一方，電力の大消費地である東京，中部，関西地域の太陽光発電システムの設備容量は十分とはいえない。そこで，北と南の地方から電力の大消費地である東京，中部（名古屋），関西（大阪）への電力輸送が重要となってくる。ところが現状は，十分に融通し合う状況になっていない。例えば，北海道の電力を本州に送る場合，その送電網の容量は60万kWしかなく容量が足りない。また，新潟・長野・静岡を境に東と西では，電力の周波数が50Hzと60Hzと異なる。東西相互の電力輸送には周波数の変換が必要であるが，現在は新信濃，佐久間，東清水の三つの周波数変電所しかなく，周波数変換容量も足りない。いままでも各電力会社間で多少の電力の流通があったが，そもそも，各電力会社間で大々的な電力輸送や電力相互利用の必要性があまりなかった。しかし，これからはこのような広域系統連系の強化が必要となってくる。

図5.12は経済産業省の総合資源エネルギー調査会・総合部会・電力システム改革専門委員会が検討している広域系統連系強化のスーパーリンク構想である[131)]。図中の片矢印や両矢印のような基幹連係線を増強し動脈のように全国に張り巡らす計画である。丸印の中の数字は各電力会社の2013年度の最大需要電力を示し，丸印間の数字は現在の地域間連係線の送電容量を示す。改善策

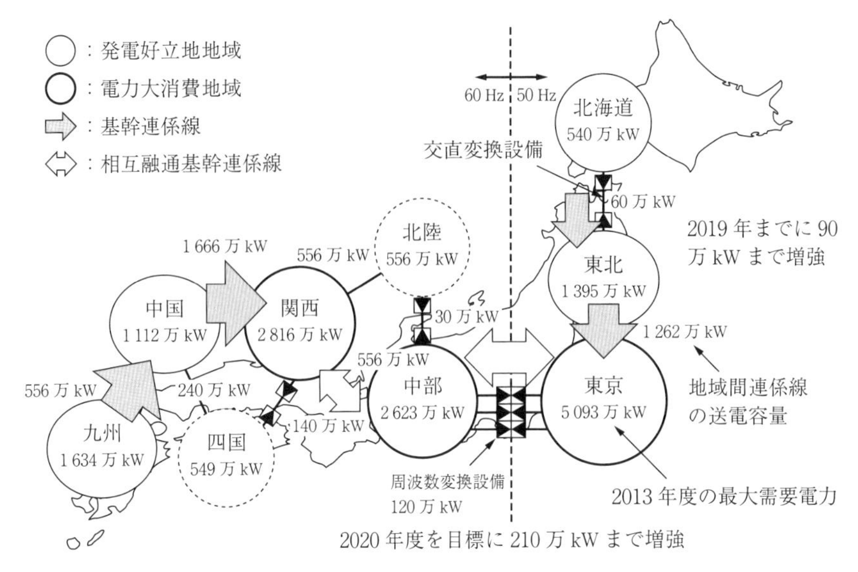

図 5.12 電力が融通可能な広域系統連係強化のスーパーリンク構想
〔出典：JPEA PV OUTLOOK 2030, p.58（2015）〕

として北海道-本州間の電力輸送容量を 2019 年までに 60 万 kW から 90 万 kW に増強すること，周波数変換設備容量を 2020 年までに 120 万 kW から 220 万 kW まで増加することなどの案が検討されている。

〔4〕 **バックアップ電源の確保と蓄電設備の整備** 昼夜や天候など日射量の変化により刻々と発電量が変わる太陽光発電を安定的に利用するためには，足りない電力をバックアップする電源や，余剰電力を貯めることができる蓄電設備が必要となってくる。夜間に発電できない太陽光発電にはベースロード電力が必要となる。ベースロード電力には昼夜を問わず発電できるバイオマス発電，ごみ発電などの火力発電のほか，水力発電，地熱発電などが使用できる。緊急の場合は揚水・調整池・貯水池水力発電，蓄電池などの調整用電力を使用することができる。

一方，太陽光発電がピークとなる正午付近で余剰電力が出た場合は，太陽光発電の「出力制御」をすることなく，その余剰電力を蓄電池で貯蔵して有効に利用することが必要である。蓄電池としては，比較的短周期の出力変動や周波数変動に対応できる大電力の充放電を速やかに行うことができる「変動抑制用途型」蓄電池と，大量の電力を長時間貯蔵することができる「余剰蓄電用途型」蓄電池が要求される。「変動抑制用途型」蓄電池としては，リチウムイオン電池やニッケル水素電池が，「余剰蓄電用途型」蓄電池としては鉛蓄電池やNaS蓄電池が向いている。NEDOの「大規模電力供給用太陽光発電系統安定化等実証研究」プロジェクトの稚内サイトでは，1.5 MWのNaS蓄電池の実証試験が行われた。

〔5〕 **発電量予測の精度向上**　もし，太陽光発電の発電量があらかじめ予測できれば，電力需要に対して他の電源による準備も正しく対応できる。日射量予測からの発電量予測は，その重要性が認められドイツやスペインなどで系統運用に使用されている。日本でも日本気象協会などが天気予報などの技術を応用して日射量予測，太陽光発電予測を行っている[132)]。各地区の日射量がわかれば，太陽光発電による発電量が予測できまる。7日まで先の週間予測から，翌日予測，当日予測，数時間先予測が30分間隔で行われている。数時間先の予測には衛星からの画像情報が用いられるが，2014年に気象衛星「ひまわり8号」が打ち上げられ画像の解像度の向上や，画像データの取得時間が短縮されたことから，日射量予測や発電量の予測精度はますます向上するものと考えられる。これらの太陽光発電量の予測とともに，電力の需要予測や火力発電などの他の電源による発電量の制御ができるエネルギー マネージメント システム（EMS）が確立されれば，省エネルギーも進み有効な電力供給ができることになりる。

〔6〕 **グリッド パリティの実現**　グリッド（grid）とは送電網を指し，パリティ（parity）とは等しいという意味である。すなわち，太陽光発電をはじめとする再生可能エネルギーの発電コストが，石炭などの火力発電による発電コストと同等であるか，それよりも安価になることをさす。そもそもFITが導入されたのは，太陽光発電システムによる電力コストが従来の電力コストより高価なため，太陽光発電システムの市場への導入が進まなかった状況を変えるためである。これにより，太陽光発電システムの大量導入が達成され，量

産効果により太陽光発電システムの価格も下がり，発電コストも低下した。しかし，まだグリッド パリティ価格にはなっていない。**表 5.10** は政府の環境・エネルギー会議「コスト等検証委員会」の「発電コスト検証ワーキンググループ」が 2015 年 4 月に発表した各電源のモデルプラントの電力コスト比較である[133]。火力発電の主力である石炭火力による発電コストは 2014 年と 2030 年では大きく変化なく，2030 年には 12.9 円/kWh と予想される。一方，太陽光発電の主力である産業用太陽光発電の電力コストは，2014 年に 24.2 円/kWh であるが 2030 年には 12.7 ～15.6 円/kWh と約半減すると予想されている。平均すると 14.2 円/kwh となり，2030 年の石炭火力による発電予想コスト 12.9 円/kWh，すなわちグリッド パリティに近い価格となっている。引き続き，量産効果や研究開発による効率の向上などで太陽光発電の電力コストの低減の努力が求められる。

表 5.10　電源別電力コストの比較（2014 年電力コストと 2030 年の予測電力コスト）

電　源	2014 年の電力単価〔円/kWh〕	2030 年の予測電力単価〔円/kWh〕
原子力	10.1 ～	10.3
石炭火力	12.3	12.9
天然ガス火力	13.7	13.4
石油火力	30.6 ～ 43.4	28.9 ～ 41.7
陸上風力	21.6	13.6 ～ 21.5
洋上風力		30.3 ～ 34.7
地　熱	16.9	16.8
産業用太陽光	24.2	12.7 ～ 15.6
住宅用太陽光	29.4	12.5 ～ 16.4
一般水力	11.0	11.0
小水力	23.3 ～ 27.1	23.3 ～ 27.1

〔出典：電力計画.com，　http://standard-project.net/energy/statistics/cost.html〕

〔7〕 維持管理・事故防止と太陽電池のリサイクル　1990 年半ばから市場に，本格的に導入され始めた住宅用太陽光発電システムも 20 年以上の実績がある。システムを構成する備品のうち，太陽電池そのものは非常に単純な構造を持ち 30 年以上の使用に耐えるといわれている。一方，太陽電池以外の装

備品には，定期的に取り替える必要がある備品も存在する。例えば，パワーコンディショナは寿命が 10 年程度で，システムの長期使用には交換が必要である。いままで報告されている住宅用太陽光発電システムの事故は，太陽電池パネルやパワーコンディショナの発熱，発煙，加熱・焼損，それによる出火などである[134)]。その原因は，パワーコンディショナや太陽電池パネルの不良品，接続部のねじ締付け不十分などの施工不良によるものである。したがって，欠陥のない太陽電池パネルとパワーコンディショナを用いて，施工を完全に行えば安全に使用することができる。事故防止には日々の発電量を把握し，発電量の低下をすぐに判断できる計測計を備えつけ，点検を受けるなどして補修・維持管理することが重要である。

一方，FIT の実施により大量に導入されたメガワット級の太陽光発電所などについては，その稼働実績がまだ数年程度であり，これから新たな課題が出てくるかもしれない。欧米のメガソーラーで発見され，日本でも見られるようになった太陽光発電システムの劣化現象がある。それが PID（potential induced degradation）現象と呼ばれる高電圧に誘発される出力低下現象である。メガソーラーでは，太陽電池パネルの直列接続の数が多くなり一つのストリングスで電圧は 600 V から 1 000 V 以上にもなる。高温多湿な環境でこのような高電圧がかかると漏れ電流が発生し，ガラス表面や封止材の EVA フィルム（エチレンビニルアセテートポリマー），バックシート，アルミニウムフレームを通して太陽電池セル内に漏れ電流が入り，セルに損傷を及ぼすことが原因と考えられている。ガラス中に存在するナトリウムイオン（Na^+）が封止材を経てセルに侵入ことや，セルを封止する EVA フィルムやバックシートとの密閉封止や貼合せが不十分なことにより，高電圧下で絶縁不良を起こすことが原因と考えられている。これらの結果を受けて太陽電池メーカーは本格的な対策に乗り出し，このトラブルは改善の方向に向かっているとのことである。メガソーラーの安全な運転にも，日常のこまめな点検と維持管理が必要となっている。

太陽電池パネルの寿命が約 30 年とされているので，全国各地のメガソーラー・太陽光発電所で太陽電池パネルが大量に廃棄されるのは 2040 年代と考えられる。10万トン以上の太陽電池パネルが廃棄されると推定されている[135]。太陽電池パネルにはSi，銅（Cu），インジウム（In），セレン（Se），配線の銀（Ag）などの貴重な金属資源やガラスが大量に含まれているので，いまから有効利用，リサイクル利用を考える必要がある。環境省と経済産業省は，2013年に「使用済再生可能エネルギー設備のリユース・リサイクル・適正処分に関する調査」を実施した。産官学で将来の太陽電池パネルの大量廃棄に備えて，その適正処理・リサイクル等について調査検討や技術開発が進められている。環境にやさしいはずの太陽光発電技術が環境に負荷を与えないように注意したいものである。

6 21世紀の太陽光発電の計画と構想

6.1 世界の太陽光発電導入計画

地球温暖化問題の解決を背景として，世界各国で再生可能エネルギーの導入計画が進められている。2016年の再生可能エネルギーによる発電量の割合は，表1.4に示したように総発電量の24.5％，その内訳は水力発電が16.6％，風力発電が4.0％，バイオマス発電が2.0％，太陽光発電が1.5％であった。太陽光発電は世界的に見て，まだまだマイナーな発電方法である。本節では，世界の主要国のこれからの太陽光発電の計画を紹介する[136)]。

〔1〕 **アメリカの太陽光発電導入計画**　アメリカエネルギー省（DOE）は2011年に「サンショット計画（sunshot initiative）」を発表した。この計画は，太陽光発電システムの価格低減のための技術開発計画で，2020年には太陽光発電システムの価格を1$（ドル）/Wp（ワットピーク），電力単価として6¢/kWhを目指すもので，日本の太陽光発電技術開発のロードマップPV2030+の最終目的である電力単価7円/kWhと似ている計画となっている。ワットピークとは太陽電池の性能を示す指標で，太陽光照射がAM1.5，100 mW/cm^{2}の標準測定条件下での太陽電池の最大出力を示す。また，太陽光発電システムの導入量の目的として2030年までに302 GWの導入で，総電力に占める太陽光発電の割合が10.8％を，2050年までに632 GWの導入で19.3％のシェアを目標としている。JPEAの計画では2030年までに100 GWを導入し

て，総電力に占める太陽光発電の割合を 12 ％にするとなっているので，発電割合に関しても日本とほぼ同様の目標を立てていることがわかる。

〔2〕 **EU 諸国における太陽光発電導入計画**　28 ヵ国を擁する欧州連合加盟国（EU）では，国々によって状況が異なるので，ベストミックスにより EU 全体における最終エネルギー消費量に占める再生可能エネルギーの割合を 2020 年までに 20 %，2030 年までに 27 %にすることを目的としている。EU 国家再生可能エネルギー導入行動計画（NREAP）では 2020 年までに 80 GW の太陽光発電システムの導入を目指して，また EU エネルギー技術戦略計画（SET-Plan）では，2020 年までに電力消費の 12 %を太陽光発電で賄う計画を持っている。

〔3〕 **ドイツの太陽光発電導入計画**　ドイツの太陽光発電システムの導入量は 2015 年度に約 40 GW となり，中国についで世界第 2 位の導入量を誇る。これは FIT によるところが大きいが，市民の負担する賦課金も高額となるため批判がでている。そこで，2012 年の再生可能エネルギー法（Erneuerbare-Energien-Gesetz，EEG）の改正により FIT で取引対象とする太陽光発電システムの導入量の上限を 52 GW に抑えている。また，2014 年の EEG の改正で，年間設置容量の上限を，風力発電とともに 2.5 GW/年に抑えている。

ドイツは 2022 年までに原子力発電を撤廃することを宣言し，再生可能エネルギーの導入に積極的で，表 1.7 に示すようにドイツの 2015 年の総発電量に対する再生可能エネルギー電力の割合は高く 29.5 %である。その内訳として風力発電が大きく 12.3 %，ついでバイオマス発電が 7.0 %，太陽光発電が 5.9 %，水力発電 3.3 %，廃棄物発電 0.9 %となっている。ドイツは再生可能エネルギー電力の導入目標として 2025 年までに総発電量の 40 ～ 45 %，2035 年までに 55 ～ 60 %，2050 年までに 80 %と，かなり意欲的な計画を立てている。

〔4〕 **イタリアの太陽光発電導入計画**　イタリアの太陽光発電システムの導入量は 2015 年末で 18.9 GW で，中国，ドイツ，日本，アメリカについで世界第 5 位となっている。EU の方針に従い 2006 年より固定価格買取制度を実

施し，2011 年には 9 GW が導入され単年度導入量が世界第 1 位となった。しかし，その後の導入量は 2012 年には 3.5 GW，2013 年には 1.5 GW，2014 年には 0.7 GW，2015 年には 0.4 GW と低下している。2011 年の大量導入の後，買取価格の設定が下げられ，また 2013 年に FIT 制度も終了したことによる導入インセンティブの低下が原因と考えられる。今後は市場原理に基づく導入になると推定される。

〔5〕 **フランスの太陽光発電導入計画**　　フランスは原子力発電を積極的に推し進めてきたが，2007 年のグルネル環境会議で再生可能エネルギーの導入推進を発表した。それによると 2020 年までに 5.4 GW の太陽光発電システムの導入を目標としている。図 5.11 から明らかなように，FIT などにより 2015 年にはすでに 6.6 GW の導入を達成しており，今後も着実に導入が進むものと考えられる。オランド政権に代わり 2017 年にマクロン政権となったが，2025 年までに原子力発電の比率を 75 % から 50 % 以下に抑える方針を維持しており，この政策が導入促進の下支えをしているものと考えられる。

〔6〕 **中国の太陽光発電導入計画**　　世界の人口の 18.8 %（2015 年の人口は 13.7 億）を占める中国では，過去数年の太陽光発電システムの導入量の伸びは目覚ましく，2015 年には累積導入量が 43.5 GW と，ドイツを抜き世界のトップとなった。2006 年に再生可能エネルギー法が施行されて以来，2009 年の中国科学院「太陽エネルギー行動計画」や FIT 制度，太陽光発電施設用財政補助金，「金太陽プロジェクト」などさまざまな普及施策が行われている。また，世界有数の太陽光発電システムの製造販売メーカーが数社存在し，国家補助金や低賃金労働による安価な太陽光発電システムが製造・販売され，世界に輸出されている。国家発展改革委員会（NDRC）の「気候変動対応国家計画 2014 ～ 2020 年」によれば 2020 年までに太陽光発電の導入量 100 GW を目指すと記載され，最近の導入量の増加からすれば，2020 年までに 100 GW の導入は可能と考えられる。また 2030 年までに中国の全エネルギー消費に占める再生可能エネルギーの割合を 20 % にするという目標も設定している。

〔7〕 **インドの太陽光発電計画**　　インドは中国についで世界第 2 位の人口

12.6 億を擁し，世界の人口の 17.3 %を占める。インドの日射量は日本の約 2 倍であり，太陽光発電のポテンシャルは高い。2009 年に発表された国家太陽光発電導入計画（National Solar Mission）では 2022 年までに 22 GW の太陽光発電を導入することを目的としている。しかし，2015 年の総発電量 255 GW のうち，太陽光発電は 2 GW を占めるのみであった。総発電量のうち，再生可能エネルギー電力の割合は 29 %，そのうちの約半分の 18 %が水力発電で占められている。残りの再生可能エネルギー 11 %のうちの約 70 %が風力発電で，太陽光発電は 4 %程度となっている。2015 年に発表された改正・国家太陽光発電導入計画によると 2022 年までの導入目標は 100 GW となっているが，実現可能量は 50 GW 程度ではないかと推測する情報もある[137]。

6.2 建物の壁面や窓面への太陽光発電システムの設置 ― BIPV と ZEB ―

大規模太陽光発電所からの電力を，系統連係を通して利用することは簡単で便利である。しかし，送電設備の建設・維持費用や電力の送電損失などを考えると，必ずしも経済的・効率的とはいえない。また，地震などの災害時に系統電力では停電する可能性もある。このような背景から，独立分散型電力システムへの要望が強くなっている。太陽光発電システムは，独立分散型電力システムとして優れた電力システムであり，住宅用太陽光発電システムの需要が伸びているが，オフィスビルや工場などにもこのような需要が高まっている。また使用するエネルギーをなるべく自前で調達しようという動きもある。さらに，省エネルギー的な観点から太陽光発電などの自然エネルギーでオフィスビルの必要エネルギーをすべて賄い，年間で外部からの 1 次エネルギーの消費がゼロという「ゼロ・エネルギー・ビル（ZEB）」という構想が提唱されている。

政府は 2014 年に発表された「第 4 次エネルギー基本計画」の中で「建築物については，2020 年までに新築公共建築物等で，2030 年までに新築建築物の平均で ZEB を実現することを目指す」とする政策目標を掲げている。建材一体型太陽光発電システム（building integrated photovoltaics，BIPV）は，屋根のみならずビルの外壁や窓などにも装着できる太陽光発電システムであり，ZEBの建設に欠くことのできないシステムで，今後ますますニーズが高まるものと考えられる。最近では，ビルだけではなく住宅にもこのコンセプトを用いたゼロ・エネルギー・ハウス（ZEH）も検討されている。ビルや住宅の壁面には軽い太陽電池，窓にはシースルーでカラフルな太陽電池が求められ，有機薄膜太陽電池（OPV）や色素増感太陽電池（DSC）などが候補となっている。**図6.1**には例としてドイツのベンチャー企業Heliatek社が建設したOPVを窓面に装備した自社研究所の写真と，大成建設が実証研究を行っている三菱化学のOPVを壁面や窓に装備したZEBの写真を示す[138]。

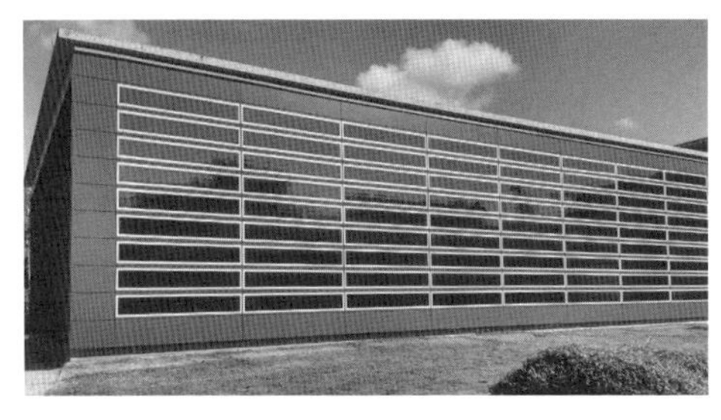

（a）　自社のBIPV用有機薄膜太陽電池（OPV）を窓面に取り付けたドイツHeliatek社の研究所〔提供：©Heliatek GmbH〕

（b）　三菱化学のBIPV用有機薄膜太陽電池（OPV）をビル壁面に使用した大成建設のZEB実証棟〔提供：大成建設〕

図6.1　電力が融通可能な広域系統連係強化のスーパーリンク構想

6.3　太陽光発電の効率的利用 ―スマートグリッドとスマートシティ―

太陽光発電などの再生可能エネルギー電力を既存の電力とともに効率的に使用するためにスマートグリッドによる効率的な電力需給調整が行われようとしている。スマートグリッドとは「スマート（賢い）」と「グリッド（送電網）」を合わせた言葉で次世代の送電網を意味する。具体的には，**図6.2**に示すような既存の送電網や自然エネルギー電力，さらに需要側の工場，ビル，一般家庭

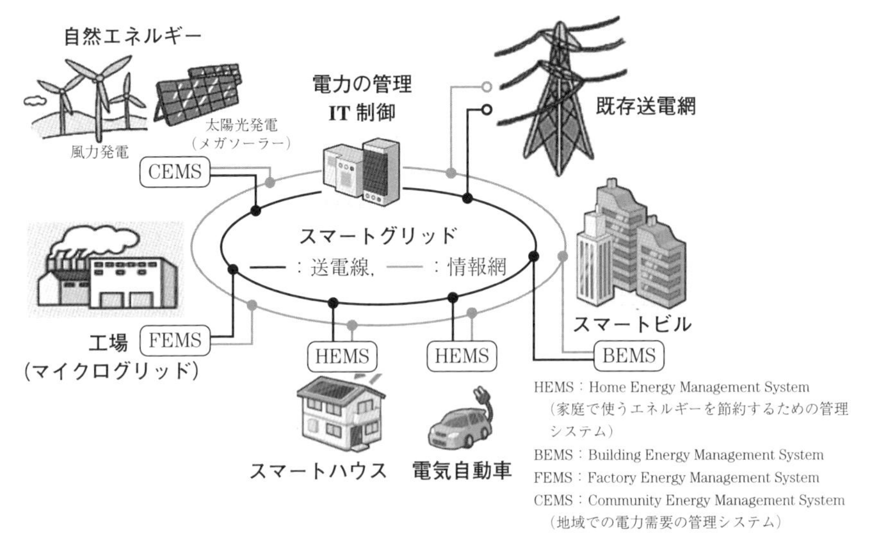

図 6.2　スマートグリッドの概念

などが情報網と送電線でつながれており電力調整が可能となる送電網である[139]。需要側の工場（F），ビル（B），一般家庭（H）などには，その施設内でエネルギー利用が最適化できるようなエネルギーマネージメントシステム（EMS）であるFEMS，BEMS，HEMSなどが整備され，スマートメーターを通してスマートグリッドに電力情報が送信され電力利用の最適化が図られる。このような家庭やビルをスマートハウス，スマートビルと呼び，これらが集まった市をスマートシティと呼ぶ。また，図6.2にあるマイクログリッドとは，送電網とは独立した電力供給源と電力消費施設を持つ，工場などで見られる小規模なエネルギーネットワークで，情報通信技術を用いてネットワーク全体を管理するシステムをいう。スマートグリッドは，いろいろな発電設備を持つ送電サイトの電力調整のみならず，系統電力以外に種々の電力供給施設を持つ配電サイトの電力調整も行うことができ，さらに送電サイトと配電サイトの相互の電力調整をリアルタイムできることが強みである。省エネルギーを伴う効率的な電力使用システムには必須の電力網といえよう。

6.4 世界を繋ぐ太陽光発電システム ― GENESIS 計画 ―

太陽光発電システムの最大の弱点は，発生電力の時間的・空間的不均一性に尽きる。夜間には発電できないし，北極や南極などの高緯度地方や雨天・曇天の場合は発電量が少ない。しかし，地球のどこかには必ず太陽が照射し，発電可能である。このような太陽光照射の最大の弱点を解決する手段として，1989年に集積型a-Si太陽電池を開発した桑野幸徳氏（元 三洋電機社長）がGENESIS計画を提唱した[140]。

GENESISとはGlobal Energy Network Equipped with Solar cell and International Superconductor Gridsの略称で，太陽光発電システムと国際超電導ケーブルグリッドを繋いだグローバルエネルギーネットワークシステムを指す。GENESISという言葉は旧約聖書にある「創世記」を意味しており，太陽光発電で全世界のエネルギーを賄う新しい世の中の始まりという意味も含まれている。この計画が実現すれば，地球のどこでも太陽光発電の電力を送電の損失も少なく使用することができる。日本が真夜中のときは，ブラジルが正午なのでブラジルで太陽光発電により電力を作り日本に送ればよい。地球の砂漠地帯の面積の2～4％に太陽光発電システム敷設するだけで世界中のエネルギーが賄える。夢のような話であるが実現可能である。現在，世界中で数百MW級の太陽光発電所が数多く作られている。また，高温超電導ケーブルの研究開発も進んでいて実用化も可能である。例えば，東京と大阪の間の約500 kmを1時間余りで結ぶリニア新幹線は超電導磁気浮上技術を使い2045年には開業の予定である。電力輸送にはエネルギー損失の少ない高圧・高電流の直流高温超電導ケーブルを使うことがベストである。高温超電導ケーブルの敷設には膨大な資金と大変な努力を要するが，地球全体がエネルギー問題・地球温暖化問題から解放されるくらいインパクトの大きい事業であるので，是非実現したいものである。

6.5　アジアの広域連係網
― アジアスーパーグリッド構想 ―

GENESIS 計画を少しローカルにした構想もある。2011 年の東日本大震災後の長期間停電を経験し，ソフトバンクグループの孫正義社長が提唱したアジア・スーパー・グリッド（Asia Super Grid, ASG）構想である。日本やモンゴル，インド，中国，東南アジアなどの既存電力系統網を海底ケーブルなどで繋ぎ，国境を越えた広域連系を構築する構想である。GENESIS 計画は電力輸送の損失を低減するため高温超電導の直流ケーブルを使用する構想であるが，本構想は各国の既存の電力系統網を使用するものである。ヨーロッパでは，各国に電力輸送を共用できる電力系統網が張り巡らされ，電力が融通されているが，アジアではこのような電力系統網は確立されていないので魅力的な構想である。

当面は既存電力の融通を考えているが，将来的にはモンゴルやインドなどで風力発電や太陽光発電により発電した電力をアジア各国で利用することも想定している。2016 年 4 月には，日本，中国，韓国，ロシアの企業が共同で，北東アジアでの電力網の国際連係に関する調査を実施して事業性を評価することを謳った覚書が調印された。日本ではソフトバンクグループ，中国では中国国家電網公司，韓国は韓国電力公社，ロシアはロシア・グリッド社である。また，電力網の国際連系の実現に向けた各国政府によるサポートの要請や事業体制の企画も検討するとのことである。本構想では，日本をはじめモンゴル，中国，韓国，ロシア，台湾，フィリピン，香港，タイ，マレーシア，シンガポール，ブータン，パキスタン，インドの 14 ヵ国の参加が想定されている[141)]。

6.6　デザーテック構想とサハラソーラーブリーダー計画

太陽光エネルギーの豊かな砂漠を利用する壮大な計画を二つ紹介する。

一つは，デザーテック（Desertec）構想である。デザーテック構想とは，

2050年までに，サハラ砂漠の17 000 km^{2}の領域に集光型太陽熱発電システム，太陽光発電システム，風力発電システムを分散配置して，電力を生み出し高圧直流（HVDC）ケーブルでヨーロッパ（EU）および中東・北アフリカ各国（MENA）に送電し，中東や北アフリカ諸国の電力需要の大部分を賄い，かつ中央ヨーロッパの電力需要の15 %を賄うという壮大な構想である[142]。2003年にローマクラブなどが提案し，ドイツで科学的な検討の後，2008年に非営利のデザーテック財団が設立された。2009年にはデザーテック財団とヨーロッパの12の企業がデザーテック産業イニシアチブ（DII-Gmbh）を創立して具体的に計画が検討された。そして2011年に最初のモデル事業としてモロッコで実証プロジェクトが提案されたが都合により延期されている。ただ，最近の報告によるとスペイン-モロッコ間ではすでに400 MWの送電連系線が2本つながったとの情報もある[143]。膨大な費用がかかる巨大プロジェクトなので，この構想の実現には，企業だけでなく関係国の全面的な支援が必要であろう。

もう一つは，2010年に東京大学の鯉沼秀臣博士により提案されたサハラソーラーブリーダー計画（Sahara Solar Breeder Project）である。サハラ砂漠の豊かな太陽光（太陽電池で電力に変換）と砂漠の砂（Siの原料であるSiO_2が主成分）からSi太陽電池を製造し，その電力と砂からさらにSi太陽電池を作りSi太陽電池を増殖させ，ネズミ算式に膨大な電力を製造して，その電力を高温超電導ケーブルグリッド網で電力需要地に送る構想である。すなわち，初期投資として精錬設備を建設すれば，Si太陽電池を無尽蔵に製造することができる。製造したSi太陽電池を砂漠の一地区に集積させて太陽光発電所を建設し，砂の運搬やSiの精錬，Si太陽電池の製造の電力を賄うことで太陽光発電所を自己増殖的に建設する計画である。生み出した電力は，送電ロスの少ない超伝導電送電網によって世界中に電力を届ける。また，送電網を敷設することによりアフリカの市街や貧困地域に電力を届け，さらには砂漠の緑化のための淡水輸送や植物工場に電力を利用することによって，アフリカに新産業を根付かせ雇用を生み出し，アフリカの生活水準を向上させることが期待されるという[144]。2010年から科学技術振興機構（JST）の5年間の国際共同研究プロジェクトとしてアルジェリア民主人民共和国と共同して，本計画の要素技術について研究が行われた。今後も関係国により研究が続けられるとのことである。実現可能なプロジェクトになることを期待したい。

6.7　宇宙太陽光発電システム

太陽光発電システムの弱点は，夜間に発電ができないことと，天候により発電量が影響を受け安定な電力を得ることができないことである。そこで提案されたのが宇宙太陽光発電システム（space solar power system，SSPS）である。宇宙空間では昼夜の区別なく，また天候の影響もなく定常的に太陽光発電を行うことができる。そして，発電した電力をマイクロ波送電やレーザー光送電により地上の受電施設で受け，使用するという方法である。宇宙空間で発電するので24時間，しかも大気の影響なく発電できるので地上に比べ発電量は約10倍になる。1968年にアメリカで提唱され，NASA（アメリカ航空宇宙局）やDOEなどで検討された。膨大な費用がかかることで一時計画は凍結されたが，その後再開されNASA等で再び研究開発が行われている。日本でも1990年代から研究が開始され，現在でもJAXA（宇宙航空研究開発機構，Japan Aerospace Exploration Agency）や経済産業省プロジェクト，京都大学などで研究開発・実証研究が行われている。

図6.3に宇宙太陽光発電の概念図を示す。宇宙空間に存在する巨大な反射鏡で太陽光を集光し反射させ，太陽電池に照射する。太陽電池により発電された電力は，マイクロ波に変換されて地上に送電される。地上の受電アンテナでマイクロ波は再び電力に変換され変電所に送られる。そして，変電所から送電線を経て各所に送電され，利用されるという仕組みである。JAXAによると開発技術要素としてはSSPS総合システム，マイクロ波無線エネルギー伝送技術，レーザー無線エネルギー伝送技術，大型構造物組立て技術などがあり，現在研究開発が進められている。重量数万トン規模の宇宙太陽光電所を地上36 000 kmの静止軌道上に建設するには1.2兆円以上の費用がかかると見積もられて

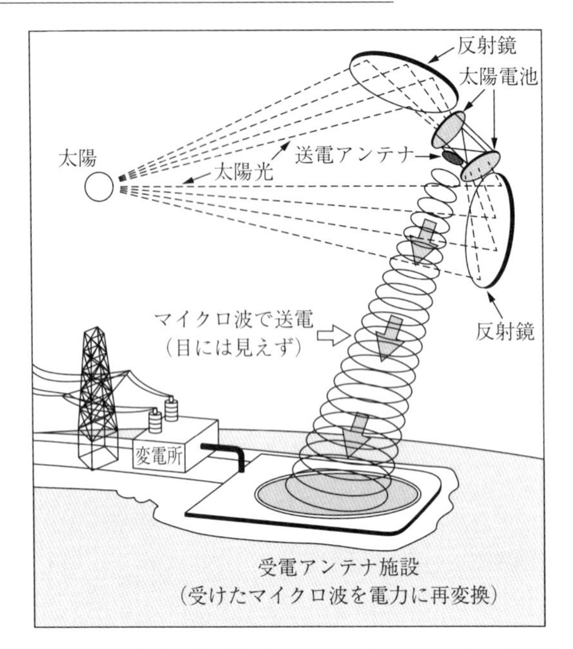

図 6.3　宇宙太陽光発電システム（SSPS）の概念図
〔JAXA 資料より作成〕

いるが，その太陽光発電所の直径 2 ～ 3 km の太陽電池パネルを使用すれば 1GW（原子力発電所 1 基分）の電力が得られるとのことである[145]。2015 年 3 月には JAXA が地上で電力をマイクロ波に変換して送電することに成功したとの報告があった[146]。また，2015 年に出された政府の新「宇宙基本計画」にも，この SSPS 開発プロジェクトが盛り込まれている[147]。この夢のプロジェクトが，宇宙空間技術の開発という点からも各国の協力を得て，着実に進展することを願いたい。

引用・参考文献

はじめに

1) 環境省ホームページ：IPCC 第 5 次評価報告書第 1 作業部会（自然科学的根拠）（2014 年 12 月），http://www.env.go.jp/earth/ipcc/5th/†
2) 資源エネルギー庁ホームページ：エネルギー白書 2015，第 2 部エネルギー動向-第 1 章国内エネルギー動向-第 1 節エネルギー需給の概要，www.enecho.meti.go.jp/about/whitepaper/2015html/2-1-1.html

1 章

3) JAXA ホームページ：宇宙情報センター資料-太陽，http://spaceinfo.jaxa.jp/ja/sun.html
4) 桜井 弘：元素 111 の新知識，p.30，講談社（1997）
5) 太陽光発電協会ホームページ：太陽光発電基礎知識-今なぜ太陽光発電，http://www.jpea.gr.jp/knowledge/whynow/index.html
6) 谷 辰夫：ソーラーエネルギー ―ふりそそぐ光と熱をとらえる（Frontier Technology Series），p.16，丸善（1986）
7) 日本エネルギー学会 編，吉田一雄，児玉竜也，郷右近展之 著：太陽熱発電・燃料化技術 ―太陽熱から電力・燃料をつくる（シリーズ 21 世紀のエネルギー），コロナ社（2012）
8) D. Kraemer et al.：High-performance flat-panel solar thermoelectric generators with high thermal concentration, Nature Materials, **10**, pp.532-538（2011）
9) 気象庁ホームページ：知識・解説-地球温暖化-温室効果とは，http://www.data.jma.go.jp/cpdinfo/chishiki_ondanka/p03.html
10) 日本原子力文化財団ホームページ：「原子力・エネルギー」図面集 2016，http://www.ene100.jp/www/wp-content/uploads/zumen/2-1-3.pdf
11) 気象研究所気候研究部ホームページ：地球温暖化の基礎知識，p.7（2008）

---

† URL は 2017 年 9 月現在

http://www.mri-jma.go.jp/Dep/cl/cl4/ondanka/text/ondan.pdf
12) 環境省ホームページ：国連気候変動枠組条約第21回締約国会議（COP21）及び京都議定書第11回締約国会合（COP/MOP11）の結果について，
http://www.env.go.jp/earth/cop/cop21/
13) 日本エネルギー学会 編：エネルギーの事典，朝倉書店（2009）
14) 資源エネルギー庁ホームページ：エネルギー供給構造高度化法について，
http://www.enecho.meti.go.jp/notice/topics/017/
15) 「新エネルギー利用等の促進に関する特別措置法施行令の一部を改正する政令」（平成20年2月1日号外政令第16号（第二次改正），2008年4月1日施行）
16) Ren21：Renewables 2017, Global Status Report, p.28
17) 文献16），p.33
18) 文献16），p.166
19) 産業技術総合研究所太陽光発電研究センターホームページ：太陽光発電の資源量，https://unit.aist.go.jp/rcpv/ci/about_pv/e_source/esource_2.html
20) 資源エネルギー庁ホームページ：エネルギー白書2017，第2部エネルギー動向-第2章国際エネルギー動向-第1節エネルギ需要の概要等，
http://www.enecho.meti.go.jp/about/whitepaper/2017pdf/whitepaper2017pdf_2_2.pdf
21) R. E. Smalley：Future Global Energy Prosperity：The Terawatt Challenge, MRS Bulletin, **30**, 6, pp.412–417（2005）
22) 国連人口基金東京事務所：資料・統計-世界人口の推移グラフ，
http://www.unfpa.or.jp/publications/index.php?eid=00033
23) WBGU 編：Towards Sustainable Energy Systems, World in Transition, EARTHSCAN出版(2004)掲載のp.3，Fig.1に一部加筆，http://www.wbgu.de/fileadmin/user_upload/wbgu.de/templates/dateien/veroeffentlichungen/hauptgutachten/jg2003/wbgu_jg2003_engl.pdf
24) 伊崎捷治：ドレスデン情報ファイル-ドイツのエネルギー関係データ，
http://www.de-info.net/kiso/atomdata01.html
25) 環境エネルギー政策研究所ホームページ：統計データでみる日本の自然エネルギーの現状（電力編）(2016年8月30日)，http://www.isep.or.jp/wpdm-package/統計データでみる日本の自然エネルギーの現状電
26) 自然エネルギー財団：連載コラム，ドイツエネルギー便り，アーカイブ（2015年9月20日），「ドイツ，再エネ8割でも電力供給は安定」，
http://www.renewable-ei.org/column_g/column_20150902.php

27） the guardian のホームページ：http://www.theguardian.com/environment/2016/may/18/portugal-runs-for-four-days-straight-on-renewable-energy-alone
28） Shell ホームページ：ニュー・レンズ・シナリオ，www.shell.com/Scenarios

2章

29） 太陽光発電協会：JPEA PV OUTLOOK 2050，p.19（2017 年 6 月）
http://www.jpea.gr.jp/pvoutlook2050.pdf
30） 株式会社日昇つくばホームページ：地域再生プランの創造「太陽光発電事業」，
http://www.e-nissyo.co.jp/page244475.html
31） 日本学術振興会次世代の太陽光発電システム第 175 委員会 監修，小長井誠，山口真史，近藤道雄 編著：太陽電池の基礎と応用，p.37，培風館（2010）
32） J.Perlin：The Silicon Solar Cells Turns 50-NREL, NREL Report No. BR-520-33947（2004）
33） GINTECH ホームページ：Products＞Cells＞Douro Series，3BB Douro High Efficiency Monocrystalline Solar Cell：G156S3，http://www.gintechenergy.com/en/index.php/products/cells/douro-series/douro-high-efficiency-monocrystalline-solar-cell-g156s3-c3/
34） J. A. Duffie, W. A. Beckman：Solar Engineering of Thermal Processes, John Wiley & Sons Inc., p.7（2013）
35） 濱川圭弘：太陽電池（フォトニクスシリーズ），p.35，コロナ社（2004）
36） Sven Rühle：Tabulated values of the Shockley–Queisser limit for single junction solar cells, Solar Energy, **130**, pp.139-147（2016）
37） 高本達也：化合物太陽電池，シャープ技報，100 号，pp.28-31（2010）
38） 岡田至崇：もっと知りたい太陽電池・第 7 回量子ドット型，NIKKEI MICRODEVICE，10 月号，p.71-77（2008）
39） M. A. Green, K. Emery, Y. Hishikawa, W. Warta, E. D. Dunlop：Solar cell efficiency tables（Version47）, Prog. Photovolt：Res. Appl, **24**, pp.3-11（2015）
40） 松谷壽信：シャープ技報，70 号，2，pp.37-39（1998）
41） 文献 31），p.46（2010）
42） 東芝ナノアナリシス株式会社ホームページ：太陽電池の形態観察，
http://www.nanoanalysis.co.jp/business/photovoltaic_02.html
特許出願：WO2013084986A1，テクスチャー構造を有するシリコン基板の製法，
株式会社トクヤマホームページ：https://www.tokuyama.co.jp/
43） 文献 37）の図 1

44)　日本太陽エネルギー学会 編：新太陽エネルギー利用ハンドブック，第V編，p.72，日本太陽エネルギー学会（2013）
45)　T. Takamoto et. al.：InGaP/GaAs and InGaAs mechanically-stacked triple-junction solar cells, Proc. of the 26th IEEE Photovoltaic Specialists Conference, pp.1031-1034（1997）

3章

46)　Fraunhofer-Gesellschaft ホームページ：Fraunhofer ISE Photovoltaic Reports 2016，https://www.ise.fraunhofer.de/content/dam/ise/de/documents/publications/studies/Photovoltaics-Report.pdf
47)　住宅用・産業用【太陽光発電 導入ガイド】～メーカー・業者の選び方：太陽光発電導入ガイド-国内主要メーカーの特徴と比較，http://www.qool-shop.com/entry16.html
48)　J. Zhao, A. Wang, M. A. Green：High-efficiency PERL and PERT silicon solar cells on FZ and MCZ substrates, Solar Energy Materials & Solar Cells 65, pp.429-435（2001）
49)　シャープ株式会社ホームページ：住宅用太陽光発電システム，http://www.sharp.co.jp/sunvista/feature/blacksolar/
50)　飯田智子ほか：住宅用高出力多結晶太陽電池モジュール ND-157AR，シャープ技報，93号，pp.59-60（2005）
51)　文献44)，p.38
52)　文献35)，p.126
53)　文献35)，p.130
54)　文献44)，p.39
55)　文献35)，pp.115-117
56)　株式会社カネカホームページ：http://www.kaneka-solar.jp/quality/history.html
57)　TDK株式会社ホームページ：複雑形状も可能な薄さと柔軟性 アモルファスシリコン太陽電池，TDK Techno Magazine，**18**，http://www.tdk.co.jp/techmag/illustrated/200412
58)　文献44)，p.44
59)　株式会社カネカホームページ：製品情報，http://www.kaneka-solar.jp/products/
60)　パナソニック株式会社ホームページ：Panasonic Newsroom Japan-トピックス

(2015年4月24日),
http://news.panasonic.com/jp/topics/2015/43668.html
61) 新エネルギー・産業技術総合開発機構ホームページ (NEDO):News Release (2015年10月23日),
http://www.nedo.go.jp/news/press/AA5_100474.html
62) 中村淳一ほか:次世代高効率単結晶シリコン太陽電池セルの開発, シャープ技報, 107号, pp.8-12 (2014)
63) 株式会社クリーンベンチャー21ホームページ:技術情報-構造と原理,
http://www.cv21.co.jp/technology/structure.php
64) スフェラーパワー株式会社ホームページ:製品情報,
http://www.sphelarpower.jp/product/
65) P. V. Meyers:First solar polycrystalline CdTe thin film PV, Proccedings of the 4th IEEE World Conference on Photovoltaic Energy Conversion, **2**, pp.2024-2027 (2006)
66) First Solar社ホームページ:
http://www.firstsolar.com/ja-JP/About-Us/Research
67) 株式会社エクソルホームページ:製品・サービス 製品ラインアップ First Solar (ファースト・ソーラー) 太陽電池モジュール/First Solarシリーズ4,
https://www.xsol.co.jp/product/lineup/firstsolar/
68) アイティメディア株式会社:スマートジャパン-太陽光 (2016年2月25日),
http://www.itmedia.co.jp/smartjapan/articles/1602/25/news063.html
69) ソーラーフロンテイア株式会社ホームページ:製品情報, http://www.solar-frontier.com/jpn/residential/products/modules/index.html
70) 文献31), p.200
71) 日本国特許公開公報 (A) 2009-182325号, p.17 (2009.8.13)
72) 鷲尾英俊, 十楚博行:化合物多接合太陽電池の高効率化と応用, シャープ技報, 107号, pp.32-36 (2014)
73) 住友電気工業株式会社ホームページ:プレスリリース2014 (2014年3月27日), http://www.sei.co.jp/news/press/14/prs025_s.html
74) 和歌山エコライフ株式会社ブログ:和歌山で太陽光発電 和歌山エコライフ, 集光型太陽光発電モジュール, http://w-ecolife.com/blog/?p=411
荒木建次:集光型太陽電池, 技術資料, 電気製鋼, **80**, 2, pp.175-180 (2009)
75) 宇宙航空研究開発機構 (JAXA) ホームページ:準天頂衛星初号機「みちびき」特設サイト,

http://www.jaxa.jp/countdown/f18/overview/michibiki_j.html

4章

76) 総務省統計局ホームページ：省エネルギー設備等の住宅への普及について
http://www.stat.go.jp/data/jyutaku/topics/topi863.htm
77) Snapshot of Global Photovoltaic Markets-IEA PVPS：International Energy Agency Photovoltaic Power Systems Programme, Snapshot of Global PV Markets 2015, p.16 (2016)
78) 資源エネルギー庁ホームページ：電気料金の水準（平成27年11月18日），資料 4-2，http://www.meti.go.jp/committee/sougouenergy/denryoku_gas/kihonseisaku/pdf/002_04_02.pdf
79) 資源エネルギー庁：総合資源エネルギー調査会　発電コスト検証ワーキンググループ資料第6回会合資料1，長期エネルギー需要見通し小委員会に対する発電コスト等の検証に関する報告（案），
http://www.enecho.meti.go.jp/committee/council/basic_policy_subcommittee/mitoshi/cost_wg/006/pdf/006_05.pdf
80) 新エネルギー・産業技術総合開発機構（NEDO）：太陽光発電開発戦略（NEDO PV Challenges）(2014)
81) 株式会社ソーラーパートナーズホームページ：太陽光発電の価格比較のポイント！見積書のカラクリとは？
https://www.solar-partners.jp/karakuri-kakaku-163.html
82) NREL Research cell record efficiency chart 2016,
http://www.nrel.gov/pv/assets/images/efficiency-chart.png
83) M. A. Green, K. Emery, Y. Hishikawa, W. Warta, E. D. Dunlop：Solar cell efficiency tables (Version50), Prog.Photovolt：Res. Appl, **25**, 7, pp.668-676 (2017)
84) C. W. Tang：Two-layer organic photovoltaic cell, Appl. Phys. Lett., **48**, 183 (1986)
85) S. E. Shaheen, C. J. Brabec, N. S. Sariciftci：2.5 % efficient organic plastic solar cells, Appl Phys Lett., **78**, 841 (2001)
86) 松尾　豊：有機薄膜太陽電池の基礎，材料科学の基礎，第4号，Sigma-Aldrich (2011)
87) 三菱ケミカル株式会社ホームページ：ZEBに対応した『有機薄膜太陽電池外壁ユニット』の開発と導入～「都市型ZEB」を目指し実証試験開始～，ニュースリリース2014（平成26年3月24日），
https://www.m-chemical.co.jp/news/kagaku/00018.html

88) Heliatek 社ホームページ：HELIAFILM® について,
http://www.heliatek.com/en/heliafilm

89) H. Tsubomura, M. Matsumura, et al.：Dye sensitised zinc oxide：aqueous electrolyte：platinum photocell, Nature, **261**, pp.402-403（1976）

90) B. O'Regan, M. Grätzel, et al.：A low-cost, high-efficiency solar cell based on dye-sensitized colloidal TiO_2 films, Nature, **353**, pp.737-740（1991）

91) S. Mathew, A. Yella, P. Gao et al.：Dye-sensitized solar cells with 13 % efficiency achieved through the molecular engineering of porphyrin sensitizers, Nature Chemistry, **6**, 3, pp.242-247（2014）

92) K. Kakiage, et al.：Highly-efficient dye-sensitized solar cells with collaborative sensitization by silyl-anchor and carboxy-anchor dyes, Chem. Commun., **51**, pp.15894-15897（2015）

93) 荒川裕則 企画編集：色素増感太陽電池（普及版），シーエムシー出版（2007）；荒川裕則 監修：色素増感太陽電池の最新技術（普及版），シーエムシー出版（2013）

94) 荒川裕則：太陽電池を活用したエネルギーハーベスティングの展望 色素増感太陽電池の環境発電（エネルギーハーベスティング）デバイスへの展開，太陽エネルギー，**42**，6，pp.3-10（2016）

95) 若宮淳志：ペロブスカイト材料のX線結晶構造解析と光電変換効率の高効率化，太陽エネルギー，**40**，4，p.33（2014）

96) K. Kalyanasundaram et al.：Recent advances in hybrid halide perovskites-based solar cells, Materials Matters, **11**, 1, pp.3-14（2016）

97) 物質・材料研究機構ホームページ：Press Release 2016，Conversion efficiency of 18.2 % achieved using perovskite solar cells,
http://www.nims.go.jp/eng/news/press/2016/06/201606091.html

98) nanowerk ホームページ：Higher solar cell efficiency thanks to perovskite magic crystal,
http://www.nanowerk.com/nanotechnology-news/newsid= 41925.php

99) Renewable Energy global innovations ホームページ：Efficiently photo-charging lithium ion batteries by perovskite solar cell，https://reginnovations.org/key-energy-storage-system/efficiently-photo-charging-lithium-ion-batteries-by-perovskite-solar-cell/

100) H. Katagiri et al.：Development of CZTS-based thin film solar cells, Thin Solid Film, **517**, 7, pp.2455-2460（2009）

101） Solar Frontier 社ホームページ：ニュース一覧 2013 年，CZTS 太陽電池の変換効率で世界記録更新，
http://www.solar-frontier.com/jpn/news/2013/C026763.html
102） T. Nozawa and Y. Arakawa：Detailed balance limit of the efficiency of multilevel intermediate band solar cells, Appl. Phys. Lett., **98**, 171108（2011）
103） 岡田至崇：太陽電池（量子ドット型），NIKKEI MICRODEVICES，10 月号，p.71（2008）
104） 日経テクノロジーオンライン，2014 年 6 月 25 日版：東大，量子ドット太陽電池でセル変換効率 26.8 %達成，
http://www.nikkei.com/article/DGXNASFK2502L_V20C14A6000000/
105） 日経新聞電子版，2016 年 4 月 21 日版：金沢工大，銅板製太陽電池の発電効率向上　ゲルマニウム活用，
http://www.nikkei.com/article/DGXLZO99887630Q6A420C1LB0000/
106） SJN News，2013 年 8 月 5 日版：東大，赤さび（酸化鉄）改良して高効率の太陽光発電，http://sustainablejapan.net/?p=4406
107） P. Sinsermsuksakul et al.：Overcoming Efficiency Limitations of SnS-Based Solar CellsAdv. Energy Material, **4**, 15, 1400496（2014）
108） M. P. Ramuz et al.：Evaluation of solution-processable carbon-based electrodes for all-carbon solar cells, ACS Nano, **6**, 11, pp.10384–10395（2012）.
SJN News，2012 年 11 月 2 日版：スタンフォード大，炭素だけでできたオールカーボン太陽電池を開発，http://sustainablejapan.net/?p=2731
109） 経済産業省近畿経済産業局：平成 23 年度第 3 次補正予算戦略的基盤技術高度化支援事業研究成果報告書，「カーボン薄膜太陽電池用プロセスの確立とそのプラズマ CVD 装置の作製」（平成 25 年 2 月）

5 章

110） シャープ株式会社ホームページ：住宅用太陽光発電システム 研究・開発の歴史，http://www.sharp.co.jp/sunvista/feature/history/
111） 総務省統計局：家庭調査報告，H27 年 12 月分速報第 10 表
112） 太陽光発電協会（JPEA）：資料「年間予想発電量の算出」に基づき計算
www.jpea.gr.jp/pdf/011.pdf
113） 太陽光発電総合情報ホームページ：太陽光発電の価格比較，
http://standard-project.net/solar/hikaku_brands.html
114） 新エネルギー・産業技術総合開発機構（NEDO）：集中連係型太陽光発電シス

テム実証研究，http://www.nedo.go.jp/activities/ZZ_00229.html
115） 太陽光発電協会 PVJapan2012 併催セミナーの講演資料：公共・産業用太陽光発電システム設計と系統連系のポイント，
http://www.jpea.gr.jp/pdf/02semi210_04.pdf
116） シャープ株式会社ホームページ：産業用太陽光発電システム　中・大規模発電システム，http://www.sharp.co.jp/business/solar/mid-scale/
117） 新エネルギー・産業技術総合開発機構（NEDO）：大規模太陽光発電システムの手引書（平成 23 年 3 月），稚内サイト・北杜サイト，
http://www.nedo.go.jp/content/100162609.pdf
118） 株式会社ユーラスエネジーホールデイングスホームページ：ニュースリリース，国内最大規模の太陽光発電所営業運転開始，
http://www.eurus-energy.com/press/index.php?pid=70
スマートジャパン：太陽光：東京ドーム 50 個分，日本最大 115 MW のメガソーラーが稼働開始（2015 年 10 月 07 日 11 時公開），
http://www.itmedia.co.jp/smartjapan/articles/1510/07/news033.html
119） 瀬戸内 Kirei 未来創り合同会社：瀬戸内 Kirei 太陽光発電所建設プロジェクト，
http://www.setouchimegasolar.com/
120） スマートジャパンホームページ：スマートシティ：太陽光パネルの下で農作物を栽培，高さ 2.5 メートルのメガソーラーが発電開始（2014 年 1 月 30 日 15 時公開），http://www.itmedia.co.jp/smartjapan/articles/1401/30/news027.html
121） 環境エネルギー政策研究所：自然エネルギー白書 2016 サマリー版，p.5，図 7 より作成，http://www.isep.or.jp/jsr2016
122） 太陽光発電協会，経済産業省・新エネルギー委員会：JPEA PV OUTLOOK 2030 ―2030 年に向けた確かな歩み（2015 年 3 月），
http://www.jpea.gr.jp/pdf/pvoutlook2015-1.pdf
123） 経済産業省資源エネルギー庁ホームページ：固定価格買取制度 情報公開用ウエブサイト，http://www.fit.go.jp/statistics/public_sp.html
124） 経済産業省資源エネルギー庁：なっとく！再生可能エネルギー，
http://www.enecho.meti.go.jp/category/saving_and_new/saiene/kaitori/
125） 経済産業省資源エネルギー庁の資料をもとに作成
http://www.enecho.meti.go.jp/category/saving_and_new/saiene/kaitori/surcharge.html
スマートジャパンホームページ：法制度・規制：電力 1 kWh あたり 1.58 円，再生可能エネルギーの賦課金が 2 倍強に，http://www.itmedia.co.jp/

smartjapan/articles/1503/20/news029.html
126) 経済産業省資源エネルギー庁ホームページ：News Release（28年3月18日），http://www.meti.go.jp/committee/sougouenergy/kihonseisaku/saisei_kanou/pdf/008_s01_00.pdf
127) 経済産業省資源エネルギー庁ホームページ：なっとく！再生可能エネルギー，http://www.enecho.meti.go.jp/category/saving_and_new/saiene/kaitori/kaisei_kakaku.html
128) 環境エネルギー政策研究所：自然エネルギー白書2016サマリー版，p.5，http://www.isep.or.jp/jsr2016
129) 株式会社アゴラ研究所ホームページ，石井孝明：太陽光発電による環境破壊，状況は悪化—山梨県の例，アゴラ 言論プラットフォーム http://agora-web.jp/archives/2021717.html
130) 環境ビジネスオンラインホームページ：環境用語集，九電ショック，https://www.kankyo-business.jp/dictionary/009004.php
131) 太陽光発電協会：JPEA PV OUTLOOK 2030，p.58（2015），http://www.jpea.gr.jp/pdf/pvoutlook2015-1.pdf
132) 日本気象協会ホームページ：日射量予測・太陽光発電量予測，http://www.jwa.or.jp/service-business/service/28.html
133) 電力計画 .com：各電源の発電コスト比較と一覧，http://standard-project.net/energy/statistics/cost.html
134) 加藤和彦：太陽電池システムの不具合事例ファイル —PVRessQ！からの現地調査報告，日刊工業新聞社（2010）
135) 太陽光発電協会：JPEA PV OUTLOOK 2030，p.54（2015），http://www.jpea.gr.jp/pdf/pvoutlook2015-1.pdf

6章

136) IEA PVPS Annual Report 2015，http://www.iea-pvps.org/index.php?id=6
137) 日本エネルギー経済研究所ホームページ，新エネルギー・国際協力支援ユニット新エネルギーグループ：定期レポート，インド：太陽光発電100 GW（2022年）導入の年次計画を発表，但し実現性は乏しい（2015年9月11日），http://eneken.ieej.or.jp/data/6278.pdf
138) 日経テクノロジー online：Heliatekが半透明な有機薄膜太陽電池で効率7.2%，窓や車の屋根への利用を想定，http://techon.nikkeibp.co.jp/article/

NEWS/20140325/341861/?rt=nocnt
大成建設株式会社ホームページ：ZEB 実証棟,
http://www.taisei.co.jp/giken/topics/1353301853006.html
139) 環境ビジネスオンライン：環境用語集，スマートグリッド，
https://www.kankyo-business.jp/dictionary/000181.php
140) 桑野幸徳ら：太陽電池とその応用，p.164，パワー社（1994）
141) 日経テクノロジー online：ニュース，ソフトバンク，「アジアスーパーグリッド構想」を中・韓・ロシア企業と事業性調査（2016.4.1），
http://techon.nikkeibp.co.jp/atcl/news/16/040101396/
142) 日本水土総合研究所ホームページ，山下紀明：デザーテック・プロジェクトの発展性，ARDEC，46 号（March 2012）
http://www.jiid.or.jp/ardec/ardec46/ard46_key_note1.html
143) 松本真由美：国際環境経済研究所，東京大学環境エネルギー科学特別部門，駒場キャンパス Diary（2015 年 7 月 9 日）
144) Sahara Solar Breeder Foundation ホームページ，鯉沼秀臣：サハラソーラーブリーダー計画，学術の動向（2010 年 1 月号），
http://www.ssb-foundation.com/j-index.html
145) 宇宙航空研究開発機構（JAXA）研究開発部門ホームページ：宇宙太陽光発電システム（SSPS）の研究，
http://www.ard.jaxa.jp/research/ssps/ssps.html
146) Engadget 日本版ホームページ：三菱重工，宇宙太陽光発電に向けたワイヤレス送電実証試験に成功。10 kW を送電，500 m 先で受信（2015.3.17），
http://japanese.engadget.com/2015/03/17/10kw-500m/
147) 宇宙基本計画（2016.4.1 閣議決定），p.23，
http://www8.cao.go.jp/space/plan/plan3/plan3.pdf

お わ り に

太陽光発電技術について太陽エネルギーの基礎から，太陽電池，太陽光発電システム，これからの太陽光発電計画と幅広く紹介してきた。21 世紀を生きるわれわれにとって，持続可能な社会を維持するために，太陽光発電技術は最も重要な技術の一つであることを理解していただければ幸いである。そして，太陽光発電技術に興味を待たれた学生諸君や技術者・研究者の方々が，21 世紀の太陽光発電技術の発展に貢献されることを期待してやまない。

2017 年 11 月

荒川　裕則

——著者略歴——

1976年　東京工業大学大学院理工学研究科博士課程修了（化学工学専攻）
　　　　工学博士
1976年　通商産業省工業技術院東京工業試験所入所
1979年　カリフォルニア大学バークレー校博士研究員
1989年　通商産業省工業技術院化学技術研究所研究室長
1997年　通商産業省工業技術院物質工学工業技術研究所基礎部長
2001年　産業技術総合研究所光反応制御研究センターセンター長
2004年　東京理科大学教授
2008年　東京理科大学総合研究院太陽光発電研究部門部門長
2009年　東京理科大学大学院総合化学研究科研究科長
2015年　東京理科大学名誉教授

21世紀の太陽光発電 — テラワット・チャレンジ —
Solar Photovoltaics Technologies for the 21st Century

2017年12月20日　初版第1刷発行

検印省略

編　者　一般社団法人
　　　　日本エネルギー学会
　　　　ホームページ　http://www.jie.or.jp
著　者　荒（あら）川（かわ）裕（ひろ）則（のり）
発行者　株式会社　コロナ社
　　　　代表者　牛来真也
印刷所　萩原印刷株式会社
製本所　有限会社　愛千製本所

112-0011　東京都文京区千石4-46-10
発行所　株式会社　**コロナ社**
CORONA PUBLISHING CO., LTD.
Tokyo Japan
振替 00140-8-14844・電話(03)3941-3131(代)
ホームページ　http://www.coronasha.co.jp

ISBN 978-4-339-06832-0　C3350　Printed in Japan　（中原）